国家出版基金项目

NATIONAL PUBLICATION FOUNDATION

中国果树科学与实践

波罗蜜、莲雾、毛叶枣

主　　编　叶春海

副 主 编　李映志　李新国　陈佳瑛

编　　委　(按姓氏笔画排序)

王令霞　王松标　从心黎　叶春海

吕庆芳　刘月廉　李映志　李新国

杨小锋　陈佳瑛　陈　菁　欧雄常

周双云　黄炳玉

陕西新华出版传媒集团

陕西科学技术出版社

——西安——

图书在版编目（CIP）数据

中国果树科学与实践．波罗蜜、莲雾、毛叶枣/叶春海主编．
—西安：陕西科学技术出版社，2021.7

ISBN 978-7-5369-8043-3

Ⅰ.①中… Ⅱ.①叶… Ⅲ.①果树园艺 Ⅳ.①S66

中国版本图书馆 CIP 数据核字（2021）第 056367 号

中国果树科学与实践　波罗蜜、莲雾、毛叶枣

叶春海　主编

出 版 人	崔　斌
责任编辑	杨　波
责任校对	秦　延
封面设计	曾　珂
监　　制	张一骏

出 版 者　陕西新华出版传媒集团　陕西科学技术出版社
　　　　　西安市曲江新区登高路 1388 号陕西新华出版传媒产业大厦 B 座
　　　　　电话（029）81205187　传真（029）81205155　邮编 710061
　　　　　http://www.snstp.com
发 行 者　陕西新华出版传媒集团　陕西科学技术出版社
　　　　　电话（029）81205180　81206809
印　　刷　西安牵井印务有限公司
规　　格　720mm×1000mm　16 开本
印　　张　10
字　　数　180 千字
版　　次　2021 年 9 月第 1 版
　　　　　2021 年 9 月第 1 次印刷
书　　号　ISBN 978-7-5369-8043-3
定　　价　50.00 元

总　序

中国农耕文明发端很早，可追溯至远古 8 000 余年前的"大地湾"时代，华夏先祖在东方这块神奇的土地上，为人类文明的进步作出了伟大的贡献。同样，我国果树栽培历史也很悠久，在《诗经》中已有关于栽培果树和采集野生果的记载。我国地域辽阔，自然生态类型多样，果树种质资源极其丰富，果树种类多达 500 余种，是世界果树发源中心之一。不少世界主要果树，如桃、杏、枣、栗、梨等，都是原产于我国或由我国传至世界其他国家的。

我国果树的栽培虽有久远的历史，但果树生产真正地规模化、商业化发展还是始于新中国建立以后。尤其是改革开放以来，我国农业产业结构调整的步伐加快，果树产业迅猛发展，栽培面积和产量已位居世界第一位，在世界果树生产中占有举足轻重的地位。2012 年，我国果园面积增至约 1 134 万 hm²，占世界果树总面积的 20% 多；水果产量超过 1 亿 t，约占世界总产量的 18%。据估算，我国现有果园面积约占全国耕地面积的 8%，占全国森林覆盖面积的 13% 以上，全国有近 1 亿人从事果树及其相关产业，年产值超过 2 500 亿元。果树产业良好的经济、社会效益和生态效益，在推动我国农村经济、社会发展和促进农民增收、生态文明建设中发挥着十分重要的作用。

我国虽是世界第一果品生产大国，但还不是果业强国，产业发展基础仍然比较薄弱，产业发展中的制约因素增多，产业结构内部矛盾日益突出。总体来看，我国果树产业发展正处在由"规模扩张型"向"质量效益型"转变的重要时期，产业升级任务艰巨。党的十八届三中全会为今后我国的农业和农村社会、经济的发展确定了明确的方向。在新的形势下，如何在确保粮食安全的前提下发展现代果业，促进果树产业持续健康发展，推动社会主义新农村建设是目前面临的重大课题。

科技进步是推动果树产业持续发展的核心要素之一。近几十年来，随着我国果树产业的不断发展壮大，果树科研工作的不断深入，产业技术水平有了明显的提升。但必须清醒地看到，我国果树产业总体技术水平与发达国家相比仍有不小的差距，技术上跟踪、模仿的多，自主创新的少。产业持续发展过程中凸显着各种现实问题，如区域布局优化与生产规模调控、劳动力成本上涨、产地环境保护、果品质量安全、生物灾害和自然灾害的预防与控制等，都需要我国果树科技工作者和产业管理者认真地去思考、研究。未来现代果树产业发展的新形势与新变化，对果树科学研究与产业技术创新提出了新的、更高的要求。要准确地把握产业技术的发展方向，就有必要对我国近几十年来在果树产业技术领域取得的成就、经验与教训进行系统的梳理、总结，着眼世界技术发展前沿，明确未来技术创新的重点与主要任务，这是我国果树科技工作者肩负的重要历史使命。

陕西科学技术出版社的杨波编审，多年来热心于果树科技类图书的编辑出版工作，在出版社领导的大力支持下，多次与中国工程院院士、山东农业大学束怀瑞教授就组织编写、出版一套总结、梳理我国果树产业技术的专著进行了交流、磋商，并委托束院士组织、召集我国果树领域 20 余位知名专家于 2011 年 10 月下旬在山东泰安召开了专题研讨会，初步确定了本套书编写的总体思路、主要编写人员及工作方案。经多方征询意见，最终将本套书的书名定为《中国果树科学与实践》。

本套书涉及的树种较多，但各树种的研究、发展情况存在不同程度的差异，因此在编写上我们不特别强调完全统一，主张依据各自的特点确定编写内容。编写的总体思路是：以果树产业技术为主线和统领，结合各树种的特点，根据产业发展的关键环节和重要技术问题，梳理、确定若干主题，按照"总结过去、分析现状、着眼未来"的基本思路，有针对性地进行系统阐述，体现特色，突出重点，不必面面俱到。编写时，以应用性研究和应用基础性研究层面的重要成果和生产实践经验为主要论述内容，有论点、有论据，在对技术发展演变过程进行回顾总结的基础上，着重于对现在技术成就和经验教训的系统总结与提炼，借鉴、吸取国外的先进经验，结合国情及生产实际，提出未来技术的发展趋势与展望。在编写过程中，力求理论联系实际，既体现学术价值，也兼顾实际生产应用价值，有解决问题的技术路线和方法，以期对未来技术发展有现实的指导意义。

本套书的读者群体主要为高校、科研单位和技术部门的专业技术人员，以及产业决策者、部门管理者、产业经营者等。在编写风格上，力求体现图文并茂、通俗易懂，增强可读性。引用的数据、资料力求准确、可靠，体现科学性和规范性。期望本套书能成为注重技术应用的学术性著作。

在本套书的总体思路策划和编写组织上，束怀瑞院士付出了大量的心血和智慧，在编写过程中提供了大量无私的帮助和指导，在此我们向束院士表示由衷的敬佩和真诚的感谢！

对我国果树产业技术的重要研究成果与实践经验进行较系统的回顾和总结，并理清未来技术发展的方向，是全体编写者的初衷和意愿。本套书参编人员较多，各位撰写者虽力求精益求精，但因水平有限，书中内容的疏漏、不足甚至错误在所难免，敬请读者不吝指教，多提宝贵意见。

编著者
2015 年 5 月

前　言

　　波罗蜜（*Artocarpus heterophyllus* Lam.），又称木波罗（木菠萝）、树波罗（树菠萝）、菠萝蜜、牛肚子果（云南），为桑科（Moraceae）波罗蜜属（*Artocarpus*）常绿乔木果树。波罗蜜是我国重要的岭南佳果，也是世界知名的热带优稀水果，在我国海南、广东、广西、云南、台湾等地均有分布。波罗蜜的用途十分广泛，果实香味浓郁，果肉清甜可口，含有丰富的营养成分，除鲜食外，还可制成各种果汁、冰淇淋、果干或脆片，还可用于烹饪；种子富含淀粉，可煮后食用；木材色泽金黄、坚硬耐虫，属名贵家具用材，亦可用于制作多种民间乐器；叶片除饲用外，还可用于包裹糯米等食材，蒸制成糕点。

　　在我国岭南地区的一些乡村，自古就有在房前屋后的院落中种植波罗蜜的传统，除遮阴外，可食其果、采其叶。近年来，其果实的食用价值得到进一步挖掘，经过种质资源调查和品种选育，各地都推出了一些优良品种进行推广，出现了不少成功经营的规模化生产波罗蜜果园。尖蜜拉〔*A. champeden*（Lour.）Spreng〕是波罗蜜的同属植物，近年来由于一些新品种的引进，其产业发展呈现出方兴未艾之势。

　　莲雾（*Syzygium samarangense* Merr. et Perry），又名金山蒲桃、洋蒲桃、辈雾、琏雾、爪哇蒲桃、水蒲桃等，是桃金娘科（Myrtaceae）蒲桃属（*Syzygium*）常绿乔木果树，在我国台湾、海南、福建、广东、广西等地均有规模化栽培。莲雾以食果为主，兼具观赏价值。莲雾果实呈倒钟形，果形美观，果肉清甜脆嫩，是清凉解渴的佳品；除鲜食外，莲雾果实还可加工制作果汁、蜜饯、罐头、果酱、果醋等产品；莲雾植株花期长，花浓香，花形美，果形独特，果色繁多、鲜艳，非常适于庭院绿化、观光果园和盆景栽培。

　　莲雾在我国亦有比较悠久的种植历史，但以前由于栽培和育种未受重视，果实产量低、品质差、味淡，基本没有进行商品化栽培。20世纪70年代，我国台湾地区开始莲雾栽培技术的研究开发和品种选育，采用的花期人工调控技术和培育的新品种有力地促进了莲雾产业的发展，栽培面积由1945年的145 hm² 上升到2002年的近9 000 hm²，市场上莲雾常常供不应求，台湾地区也成为世界上种植莲雾技术最先进和规模最大的地区。近年来，大陆的海南、福建、广东、广西和云南等地先后从台湾引种试种，并逐步取得成功，莲雾已发展成为一种新特优水果，栽培面积和产量得到迅猛提升。

　　毛叶枣（*Ziziphus mauritiana* Lam.），又名印度枣、台湾青枣、西西果、

滇刺枣，为鼠李科（Rhamnaceae）枣属（Ziziphus）常绿或半落叶性灌木或小乔木，在我国台湾、云南、海南、广东、福建、广西、四川、重庆等地均有广泛种植。毛叶枣的果实为翠绿色至黄绿色，果肉清脆爽口、化渣，甜度适中；植株速生快长，当年定植、当年即可开花结果，且一年可多次开花，是较好的蜜源植物和荒山造林的先锋树种。

毛叶枣有野生品种和栽培品种之分，我国的野生毛叶枣常被称作滇刺枣，主要分布在云南，在四川、广西、海南、福建及台湾有野生、半野生类型分布。我国的毛叶枣栽培始于台湾，经过栽培技术改进和新品种选育，果实大小和风味品质有了显著提高，发展非常迅速。20 世纪 80 年代，我国大陆地区先后自台湾地区和缅甸、越南引进毛叶枣试种，其中台湾品种和栽培技术适应性最好，推广面积最大，因此毛叶枣也常被称为"台湾青枣"。由于毛叶枣植株较矮，栽培技术独特，近年来，长江以北很多地区，如北京、辽宁等地，对其进行了温室大棚设施栽培，成效显著。

按照"中国果树科学与实践"系列丛书的总体要求，本书重点总结了我国科学工作者和实践者在上述 3 种果树方面的应用性研究成果和生产实践经验，以期能为高校、科研单位及技术部门的专业技术人员、产业决策和管理人员以及生产经营人员提供借鉴。

本书波罗蜜一章由广东海洋大学农学院李映志负责，叶春海、吕庆芳、刘月廉参与编写；莲雾一章由海南大学园艺学院李新国负责，三亚市南繁科学技术研究院杨小锋、海南大学生命科学学院从心黎、广西壮族自治区农业科学院园艺研究所周双云、海南大学林学院王令霞参与编写；毛叶枣一章由中国热带农业科学院南亚热带作物研究所陈佳瑛负责，欧雄常、王松标、陈菁、黄炳钰参与编写。叶春海负责全书的前期策划和统稿、定稿工作。

本书是对我国波罗蜜、莲雾和毛叶枣产业技术发展和生产实践进行总结的首次尝试，虽编写人员竭力求精，但因水平有限，资料收集难以覆全，文中难免出现遗漏甚至谬误，敬请读者不吝指教，多提宝贵意见。

本书在成稿过程中，得到了众多果树界同行和学者的鼎力支持，在此一并表示衷心的感谢！

叶春海
2021 年 5 月

目　录

第一章　波罗蜜 ……………………………………………………… 1

第一节　波罗蜜产业在我国的发展 ……………………………… 2

一、我国波罗蜜栽培史 ………………………………………… 2

二、我国波罗蜜产业现状 ……………………………………… 4

第二节　我国波罗蜜种质资源研究与利用 ……………………… 7

一、波罗蜜属植物及其利用 …………………………………… 7

二、波罗蜜植物种质资源研究 ……………………………… 13

三、主要品种 ………………………………………………… 22

第三节　波罗蜜苗木繁育 ……………………………………… 31

一、实生苗培育 ……………………………………………… 31

二、嫁接苗培育 ……………………………………………… 31

三、营养苗繁殖 ……………………………………………… 34

四、组织培养 ………………………………………………… 35

五、苗木出圃 ………………………………………………… 35

第四节　波罗蜜的环境适应性 ………………………………… 36

一、土壤 ……………………………………………………… 36

二、温度 ……………………………………………………… 37

三、湿度 ……………………………………………………… 37

四、光照 ……………………………………………………… 37

五、风 ………………………………………………………… 38

第五节　波罗蜜优质、丰产、高效栽培技术 ………………… 38

一、园地选择 ………………………………………………… 38

二、园地的规划设计 ………………………………………… 38

三、整地和改土 ……………………………………………… 38

四、栽植 ……………………………………………………… 39

五、土壤管理 ………………………………………………… 40

六、施肥 ……………………………………………………… 41

七、水分管理 ………………………………………………… 42

八、花果管理 …………………………………………………… 42

九、整形修剪 …………………………………………………… 45

十、病虫害防控 ………………………………………………… 46

第六节　果实采收及采后增值 ………………………………… 54

一、果实采收 …………………………………………………… 54

二、果实分级 …………………………………………………… 55

三、包装 ………………………………………………………… 56

四、运输 ………………………………………………………… 56

五、贮藏保鲜 …………………………………………………… 56

第七节　波罗蜜加工产品 ……………………………………… 57

第二章　莲雾 …………………………………………………… 67

第一节　我国莲雾产业 ………………………………………… 67

一、我国莲雾产业的发展历程 ………………………………… 67

二、我国莲雾产业发展概述 …………………………………… 68

三、发展前景 …………………………………………………… 71

第二节　我国莲雾种质资源及开发利用 ……………………… 72

一、莲雾种质资源 ……………………………………………… 72

二、莲雾种质资源的开发利用 ………………………………… 76

第三节　苗木繁育 ……………………………………………… 77

一、高空压条育苗 ……………………………………………… 77

二、扦插育苗 …………………………………………………… 77

三、嫁接育苗 …………………………………………………… 78

四、组织培养育苗 ……………………………………………… 80

第四节　莲雾优质、丰产、高效栽培技术 …………………… 80

一、莲雾建园 …………………………………………………… 80

二、幼龄树的栽培管理 ………………………………………… 82

三、结果树的栽培管理 ………………………………………… 83

四、病虫害防控 ………………………………………………… 89

第五节　果实采收 ……………………………………………… 98

一、采收 ………………………………………………………… 98

二、贮藏前处理 ………………………………………………… 99

三、贮藏保鲜 …………………………………………………… 100

第六节　莲雾的营养及深加工 ………………………………… 102

第三章　毛叶枣 ·· 107

　第一节　我国毛叶枣产业 ······························ 108

　　一、毛叶枣的引种与栽培 ·························· 108

　　二、我国毛叶枣产业的发展历程 ···················· 109

　　三、我国毛叶枣产业发展的主要成就和教训 ·········· 111

　　四、我国大陆毛叶枣产业发展前景 ·················· 111

　第二节　主要品种 ·································· 112

　　一、品种分类 ·································· 112

　　二、主要品种 ·································· 113

　第三节　生物学特性 ································ 116

　　一、根 ·· 116

　　二、枝 ·· 116

　　三、叶 ·· 117

　　四、花 ·· 117

　　五、果实 ······································ 119

　第四节　对外界环境的要求 ·························· 120

　第五节　优质苗木繁育 ······························ 121

　　一、毛叶枣苗木繁育 ······························ 121

　　二、培育优质嫁接苗的技术要点 ···················· 123

　　三、苗木出圃 ·································· 125

　第六节　建园 ······································ 126

　　一、园地选择 ·································· 126

　　二、果园规划与设计 ······························ 127

　　三、果园开垦 ·································· 127

　第七节　毛叶枣优质、丰产、高效栽培技术 ············ 127

　　一、选用适宜品种，栽植技术规范 ·················· 127

　　二、幼龄树管理 ································ 129

　　三、成龄树管理 ································ 129

　　四、劣质低产树的高接换种 ························ 131

　　五、病虫害防控 ································ 132

　　六、产期调节 ·································· 137

　　七、台风灾后复产措施 ···························· 137

　　八、果实采收及采后增值 ·························· 139

第八节　毛叶枣加工品及营养保健功效 ┄┄┄┄┄┄┄┄┄┄ 140

　一、毛叶枣加工品 ┄┄┄┄┄┄┄┄┄┄┄┄┄ 140

　二、营养和保健功效 ┄┄┄┄┄┄┄┄┄┄┄ 142

索引 ┄┄┄┄┄┄┄┄┄┄┄┄┄┄┄┄┄┄┄┄┄ 147

第一章　波罗蜜

波罗蜜，学名 *Artocarpus heterophyllus* Lam.，英文名 jackfruit，又称木波罗(木菠萝)、树波罗(树菠萝)、波罗蜜、牛肚子果(云南)，是我国重要的岭南佳果，也是世界知名的热带优稀水果，在我国海南、广东、广西和云南等地均有分布。

波罗蜜的用途十分广泛。其果实香味浓郁，果肉清甜可口，含有丰富的营养成分。据测定，波罗蜜熟果果肉中，含水分 72.0%～77.2%，蛋白质 1.3～1.9 g/100g，脂肪 0.1～0.3 g/100g，碳水化合物 18.9～25.4 g/100g，多种矿物质含量较高(钾 107～407 mg/100g、镁 37 mg/100g、锰 0.197 mg/100g、铁 0.5～1.1 mg/100g)，也富含维生素(含 175～540 IU/100g 的维生素 A、5～10 mg/100g 的维生素 C、0.108 mg/100g 的维生素 B_6 以及 0.4～4.0 mg/100g 的维生素 B_3、0.05～0.11 mg/100g 的维生素 B_2 和 14 mg/100g 的维生素 B_9 等 B 族维生素)。熟果除鲜食外，可制成各种果汁、冰激凌，这类波罗蜜食品在印度等地十分流行。果肉脱水后制成的波罗蜜干或脆片，风味独特，已成为泰国、越南等地重要的波罗蜜加工产品，出口世界各地。波罗蜜果肉还可用于烹饪，世界各波罗蜜产地有多种以波罗蜜果肉为食材的特色佳肴。波罗蜜的种子富含淀粉，煮后食用，味似板栗，可谓木本粮食；其淀粉中的直链淀粉含量较高，提取工艺简单，理化性质接近马铃薯淀粉，具有广阔的工业及食品加工前景。波罗蜜木材色泽金黄、坚硬耐虫，为名贵的家具用材，用其制成的家具甚至比花梨木和荔枝木更受推崇；波罗蜜木材还被用于制作多种乐器。波罗蜜木屑与明矾混煮后可作为黄色染料，被用于一些佛教徒衣袍的染色。在我国，有一种以波罗蜜叶片包裹糯米等食材蒸制而成的民间糕点，是广东雷州、廉江等地逢年过节(特别是春节)每家必制的食品；波罗蜜叶片在国外被广泛用作牛羊饲料。此外，波罗蜜的药用价值也很高，其种子可提取波罗蜜凝集素，叶片可用于治疗皮肤病、溃疡和机械伤等，根可用于防治哮喘、发烧、腹泻等。

图1-1　波罗蜜(李映志 摄)

第一节　波罗蜜产业在我国的发展

普遍认为波罗蜜原产于印度西高止山脉的热带雨林，随后传播至孟加拉国、马来西亚、缅甸等南亚、东南亚国家和中国南部等地，成为热带、亚热带特别是南亚和东南亚地区的重要树种。目前波罗蜜被广泛种植在很多热带和亚热带国家，主要有亚洲的印度、孟加拉国、缅甸、尼泊尔、马来西亚、泰国、印度尼西亚、越南、老挝、斯里兰卡、菲律宾、柬埔寨等国，非洲的桑给巴尔、肯尼亚、乌干达、马达加斯加、毛里求斯，美洲的巴西、苏里南、加勒比海诸国、美国，以及澳大利亚。但不是所有这些国家都将其视为重要树种，巴西甚至还将其列为入侵树种。

一、我国波罗蜜栽培史

波罗蜜在我国属于引进树种。由唐玄奘口述、成书于646年的《大唐西域记》，是我国最早记述波罗蜜的书籍，该书第10卷"奔那伐弹那国"中有这样的记载："般核娑果既多且贵。其果大如冬瓜，熟则黄赤，剖之中有数十小果，大如鹤卵，又更破之其汁黄赤，其味甘美。或在树枝如众果之结实，或在树根若茯苓之在土"，其中的"般核娑"是梵文 Panasa 的音译。唐代曾任安南(今越南河内)经略使的樊绰在其著作《蛮书》卷七"云南管内物产"中，载有"禄江左右亦有波罗蜜果，树高数十丈，大数围，生子，味极酸。蒙舍、永昌亦有此果，大如甜瓜，小者似橙柚，割食不酸，即无香味。土俗或呼为长傍果，或呼为思漏果，亦呼思难果。"唐代小说家段成式(803—863)在其笔记小说集《酉阳杂俎》的卷十八"广动植之三"的"木篇"中，载有"婆那娑树，出波斯国，亦出拂林，呼为阿萨弹。树长五六丈，皮色青绿，叶极光净，冬夏不凋。无花结实，其实从树茎出，大如冬瓜，有壳裹之，壳上有刺，瓤至甘甜，可食。核大如枣，一实有数百枚。核中仁如栗黄，炒食甚美。"在南宋诗人范成大(1126—1193)记载广西风土人情的重要著作《桂海虞衡志》的"志果篇"中，有"波罗蜜，大如冬瓜，外肤礌砢如佛髻。削其皮食之，味极甘，子练悉如冬瓜，生大木上，秋熟。"在李时珍(1518—1593)所著《本草纲目》果部第三十一卷"果之三"中，载有"波罗蜜，梵语也。因此果味甘，故借名之。安南人名曩枷结，波斯人名婆那娑，拂林人名阿萨弹，皆一物也。"

图 1-2　庭院种植的波罗蜜(李映志 摄)

中国最早记录的波罗蜜种植见于广州。在徐珂(1869—1928)编辑的《清稗类钞》植物类中，有"波罗树，原植于广州南海庙中，相传萧梁时，西域达奚司空所种。他处所有，皆自此分出。叶如苹婆而光润。生五六年，至径尺，削去其杪，以银铁钉腰，即结实。实不以花，自根而干而枝条，皆有实累累。若不实，则刀斫树皮，有白乳涌出，凝而不流，则实，故名刀生果"的记载，其所称"萧梁时"为 502—557 年。"南海庙"为现今广州黄埔的波罗庙，于梁大同元年(535 年),即达奚司空到广州 8 年后(527 年),由董昙建成。由此算来,波罗蜜在我国至少有 1 400 多年的种植历史。在南宋方信孺(1177—1220)的著名诗集《南海百咏》中著有《波罗蜜果》一诗,其注解为"南海东西庙各有一株,樛枝大叶,实生于干……相传云西域种也,本名曰囊伽结",诗曰"累累圆实大于瓜,想见移根博望槎。三百余篇谁识此,世间宁复有张华"。著名道士白玉蟾在游南海庙时作《波罗蜜并序》,其中讲道"广州东南道,其南海王庙之王殿左阶有焉。状如瓜枣,形如佛髻,云是达摩弟达奚司空自天竺持来也。"至元朝,陈大震于 1304 年出版《(大德)南海志》,其中对南海庙内波罗蜜的描述变成了"南海庙东、西各一株,西域种也"。明末清初著名文人屈大均(1630—1696)在其著作《广东新语》的"木语卷"中记载:"波罗树,即佛氏所称波罗蜜,亦曰优钵昙。其在南海庙中者,旧有东西二株……萧梁时,西域达奚司空所植,千余年物也。他所有,皆从此分种……有干湿苞之分……庙中二树已朽,今所存是其萌蘖……皆数百年物也。(……若不实,以刀砍树皮,有白乳流出,凝而不流,则实。一砍一实,十砍十实,故一名刀生果……)"

明代海南著名诗人王佐在其《鸡肋集》所收集的《波萝蜜》一诗中,描述了海南的波罗蜜:"硕果何年海外传,香分龙脑落琼筵。中原不识此滋味,空看唐人异木篇。"可见明代时海南已有波罗蜜种植。

二、我国波罗蜜产业现状

据初步统计,我国波罗蜜种植面积约为 1 万 hm^2,其中海南 0.66 万 hm^2,广东 0.3 万 hm^2,其他省区多为零散种植,年产量约为 12 万 t(吴刚等,2013)。目前,我国种植的波罗蜜主要以鲜果销售为主,以产地市场为主,远销比例较少。我国自产的波罗蜜加工产品较少,市场上的加工产品多源自越南、泰国等地。

1. 海南

海南省的波罗蜜产量为全国之首,全岛 18 个市县均有栽种,海拔 1 000 m 的山地也有分布。海南岛波罗蜜已有 400 多年的栽培历史,栽培面积在 1987 年即有 3 000 多 hm^2(郑有诚,1987),2012 年有 5 000 多 hm^2(吕飞杰等,2012)。波罗蜜是兴隆地区栽培最为广泛的热带果树之一,栽培历史悠久,遍植于房前屋后、村庄边缘、道路两旁、山坡地和防护林带等处(谭乐和等,2006)。近年来海南大力引种马来西亚波罗蜜,单产 90～120 t/hm^2,常年挂果,年总产量约 10 万 t,成为许多地区主要栽培的新型果树,但其不耐贮藏,产后损失严重(高的可达 50%),远远高于我国 25%、发达国家 5% 的果蔬采后平均损耗率(王天陆，2009)。

海南岭头茶场于1999年引种了约66.67 hm²马来西亚种波罗蜜，经过3年多的管理后产果外销。2004年8月就有1万多kg鲜果销往广州、汕头等地。

海南西联农场引种的200多hm²马来西亚无胶波罗蜜，单产达75 t/hm²。据介绍，该品种适应性强，种植3年即可挂果，具有果大肉多、清甜无胶的特点，一上市就大受青睐。

海南万宁东和农场也有果农种植的1.2 hm²波罗蜜获得大丰收，年收入超过15万元。种植波罗蜜成为脱贫致富的一条途径。

海口羊山地区的波罗蜜销售很早就上了互联网。广东、广西的客商将羊山一带的波罗蜜抢购一空，据2006年报道，在永兴镇(海口秀英区)，仅波罗蜜一项年收入就达1 200万元。羊山地区的美目村是海南省较大的波罗蜜种植村，有2万多棵波罗蜜树，每年波罗蜜的产量达250万kg(韦诗琪，2011)。

据海南师范学院钟琼芯介绍，波罗蜜种植在海南非常普遍，但以海口羊山、儋州那大和万宁兴隆最为集中，尤以海口羊山一带最密集。

海南羊山地区十字路镇的杨亭东村是远近闻名的木匠村，这里非常看重波罗格(波罗蜜树的心木)，其价格甚至比花梨木更贵。波罗蜜树的边材很不起眼，不仅斑痕多、不光滑、手撕即破，而且容易生虫，但波罗蜜树金黄色的心材却是绝好的家具用材。波罗蜜树心材坚硬耐虫，虽怕水泡却耐潮防湿，且纹理简单疏直，其鲜亮的金黄色被视为吉祥之色。"百年胭脂木，千年波罗格"，当地以波罗格为富贵的象征，花梨木和荔枝木与其相比都被视为下等木材。长2 m多、直径20 cm的波罗格2006年的售价在2 000元左右。

在海南，已经建立起一批年出苗量为万株级的无胶波罗蜜嫁接苗规模化生产苗场，其中包括国营西联农场海晶苗场、海南农科院果树所种苗基地、白沙县大岭农场苗圃等。

2. 广东

广州以南各市县都零星分布有波罗蜜，粤西的电白、高州及雷州半岛各市县较多，特别是雷州、廉江等地。阳东区红丰镇是广东波罗蜜的主栽地之一，据2008年的新闻报道，全镇种植波罗蜜230多hm²，其中钓月村200多户人家，几乎家家都种有波罗蜜，少的二三十棵，多的四五百棵，全村种植了1万多棵。

广东高州市林业科学研究所于2001年开始，开展波罗蜜在绿化和经济栽培方面的技术研究。该所的波罗蜜种植3～5年后收获，第4年最高株产为50 kg，第5年株产达到150 kg，第6年进入盛产期。

广东阳东地区约有 670 hm² 的波罗蜜实现了集中连片种植(吕飞杰等，2012)。

3. 云南

云南省的波罗蜜主要分布在红河、西双版纳、临沧、德宏、思茅等湿热地区，元江、元谋、潞江等干热地区也有零星分布(张世云，1989)。芒市所种的波罗蜜主要有 2 个品系，即软质肉系和脆质肉系。波罗蜜是德宏州的名产水果，全州各地均有栽培，年总产量近万吨，在全州水果总产量中居于首位。德宏的芒市特别适宜波罗蜜生长，种植较广，村寨内多有上百年的波罗蜜大树，至今仍枝繁叶茂、硕果累累。波罗蜜被广泛用于该市的园林绿化。

云南河口县城关镇有 1 株约 100 年生的波罗蜜母树，株高约 18 m，树冠约为 16 m，距地 1.3 m 处直径 85 cm，曾单株结果 42 个，单株产量 326 kg，平均单果质量 7.8 kg，最大单果质量 19 kg(杨从金，1987)。

云南西双版纳州景洪市小街乡曼景湾缅寺旁有 1 株树龄超 500 年的波罗蜜树，树高 12 m，胸径 192 cm。虽然树干基部已出现腐朽，但仍枝繁叶茂、生机盎然，每年都要挂果 200～300 个。该树是我国记录到的最古老的一株波罗蜜树，被列为重点保护的省级古树名木(朱宝华，2003)。

4. 福建

福建省的波罗蜜分布不多。据章宁和林清洪(2003)报道，福建波罗蜜一般品种的果肉不宜食用，仅种子周围淡黄色的果肉用盐水浸渍后芳香可食。他们认为，可以在厦门市推广种植波罗蜜。波罗蜜在龙岩市的下洋镇有一定的产量。

5. 台湾

台湾地区也有波罗蜜分布。钱哥川的《台湾的吃》中介绍，"波罗蜜又名优钵昙，也是由荷兰人从印度传入的，好像是南洋人当(dàng)裤子都要买来吃的榴梿，树高数丈，结实累累，大的有七八斤一个，肉黄有瓤，气味芳郁，核也可以吃，煨肉尤其好。"

6. 广西

广西壮族自治区的波罗蜜主要分布在防城港、银海、合浦、灵山、博白、隆安、龙州、宁明等地(陆玉英等，2011)，是广西东部、南部地区庭院栽培最为广泛的热带果树。波罗蜜分布最多的地区为防城港区。广西波罗蜜采用实生繁殖，一般 6～8 年开始结实，在适宜的环境中健壮母树 20～50 年为盛产期。

7. 四川

1968—1973 年四川省林业科学研究所等单位先后从广东、广西和云南的河口等地引进波罗蜜，在四川攀枝花的红格乡、银江乡、仁和等地成功种植。

引种到四川的波罗蜜，产量虽不如云南河口（攀枝花地区的最大单果质量为7.5 kg，其母树在河口的最大单果质量 19 kg，平均单果质量 8 kg），但其果实品质超过河口，可溶性固形物含量为 21.2%（河口沙坝为 20.1%）。熟期更早或与河口同期（杨从金，1987）。

第二节　我国波罗蜜种质资源研究与利用

一、波罗蜜属植物及其利用

波罗蜜（*Artocarpus heterophyllus* Lam.）是荨麻目（Urticales）桑科（Moraceae）波罗蜜属（*Artocarpus*）植物。桑科植物有 50 多个属、800 多个种，多数分布在热带和亚热带地区，但也有少数分布在温带地区。桑科多数成员为乔木或灌木，均含胶乳。

桑科有许多具有重要经济价值的种。在亚洲热带地区，人们除种植构树属（*Broussonetia*）植物用于生产纸浆、饲料外，还用马来橡胶树（*Artocarpus elasticus Reinw.*）和其他波罗蜜属植物的树皮来生产绳索或造纸用纤维（Purseglove，1968）。在暖温带和热带地区，桑科中的一些植物，如榕属（*Ficus*）的无花果，可供人类食用或用于加工动物饲料。在北美洲的温带地区，*Maehura* 属植物提供类似酸橙的果实。在欧洲和亚洲，桑属（*Morus*）植物生产桑葚，其叶为蚕提供食物，是丝绸业的基础原料。

桑科植物包括 3 个亚科，桑亚科（Moroideae）、波罗蜜亚科（Artocarpoideae）和大麻亚科（Cannaboideae）。波罗蜜亚科下又分 3 族，波罗蜜族（Artocarpus）、见血封喉族（Olmedieae）和榕族（Ficeae）。Tippo（1938）认为，从形态解剖学数据来看，亚科间进化的历史顺序是桑亚科（Moroideae）、波罗蜜亚科（Artocarpoideae）、大麻亚科（Cannaboideae）。

波罗蜜亚科（Artocarpoideae）包括具有脱落后留下抱茎痕的托叶、直立雄蕊和位于子房近顶端的胚珠的一类属。波罗蜜属位于该亚科之中。单个果实融合形成复果的现象不仅存在于波罗蜜亚科的植物中，也存在于桑科其他亚科的几个属的植物中。

波罗蜜属的属名 *Artocarpus* 源于希腊语 *artos*（指面包）和 *carpos*（又称 *karpos*，指果实）（Bailey，1942），由 Johann Reinhold Forster 和 J. Gerog Adam Forster 父子命名。该属有 50～60 个种，多起源于东南亚及太平洋地区，分布在印度-马来西亚地区和中国南部（Corner，1938；Bailey，1949；

Campbell，1984），其中，多数限于马来西亚和东南亚，少数栽培种的分布范围较广，如 *Artocarpus altillis* 和 *Artocarpus heterophyllus*，在热带地区广泛种植。我国原产 13 个种，其中包括 5 个中国特有种（马建伦，2006）。

所有波罗蜜属植物均为雌雄同株，有位于假荑荑花序中的雄花和位于假头状花序中的雌花。所有种的果实均为复果，瘦果由肉质果肉包围，花托肉质化。

波罗蜜属植物是一个古老的物种，是唯一在白垩纪岩石中发现其花序碎片的被子植物（Seward，1941）。波罗蜜属与榕属（*Ficus*）植物较难区分，两者有紧密的亲缘关系。

基于叶序、叶片解剖特征和托叶的研究表明，在波罗蜜属中，至少有 2 个亚属，波罗蜜亚属（*Artocarpus*）和白桂木亚属（*Pseudojaca*）。波罗蜜亚属的叶片为螺旋式着生、具抱茎托叶，白桂木亚属的叶片互生、具侧生托叶。此外，两者的复果特征也不同。波罗蜜亚属的复果通常为椭圆形或圆柱形；花被几乎全部分离，特别是在其顶端。白桂木亚属的复果果形不统一，近球形或浅裂；花被常在基部融合或大部融合（Jarrett，1959）。

波罗蜜（*Artocarpus heterophyllus*）属于波罗蜜亚属，Cauliflori 系（Barrau，1976）。Cauliflori 系典型的特征是其花序为茎生或枝生的，花序基部有 1 个由肉质花茎顶端膨大成窄凸缘而形成的环面。该属中很多种类的木材具有重要的经济价值。

有几个波罗蜜属植物的可食用果实具有较高的经济价值（Wester，1921）。太平洋群岛广泛种植的面包果［Breadfruit，*A. altilis* (Parkins.)Fosb.］的果肉可以烹调加工为多种菜品或副食。波罗蜜及小波罗蜜［Chempedak，尖蜜拉，*A. integer* (Thunb.)Merr.］的果实可鲜食，小波罗蜜是在马来西亚和印度尼西亚驯化的，是当地重要的树种。

还有 2 个驯化程度较低的种：*A. odoratissimus* Blanco 是加里曼丹岛的知名水果，菲律宾人栽培选自印度尼西亚和马来西亚的野生株系来生产果实；*A. rigidus* Blume 来自马来群岛，是一个当地重要的栽培作物。此外，许多波罗蜜属植物野生植株的果实也可鲜食，如主要分布在印度半岛和尼泊尔的 *A. lakoocha* Roxb.。

1. 波罗蜜

波罗蜜（*Artocarpus heterophyllus* Lam. 或 *Artocarpus integrifolius* L.）为桑科（Moraceae）波罗蜜属（*Artocarpus* J. R. et G.）常绿果树。

波罗蜜的植物学或科学名最早由 Lamarck 命名。该种的其他名称还有 *A. philippinenesis* Lam.、*A. maxima* Blanco、*Soccus arboreus major* Rumph.、*Polyphema jaca* Lour. 和 *A. brasiliensis* Gomez（Corner，1938；Soepadmo，

1992)。由于该种存在同名现象，在分类命名上常有些混乱。*A. integrifolius* Auct. 也常作为该种的名称，但它实际上是 *A. integer*(Thunb.)Merr.。

波罗蜜用途广泛，其果、叶、枝富含各种营养成分，食用、药用价值很高，植株还可用于园林和庭院绿化(Morton，1965)。

2. 小波罗蜜

小波罗蜜[*Artocarpus integer*(Thunb.)Merr.]的同物异名是 *A. champeden*(Lour.)Stokes，*A. integrifolia* L. f. 和 *A. polyphema* Pers 是其不规范的2个同物异名。小波罗蜜又被称为尖蜜拉，英文名为 cempedak 或 chempedak，在马来半岛又称 cempedak、sempedak、temedak，在泰国称 cham-pa-da，在印尼称 tjampedak，在菲律宾称 lemasa。在马来半岛，其野生状态被称为 bangkong 或 baroh。近年来，中国也有引种，俗称榴梿波罗蜜。

小波罗蜜原产东南亚(也有称原产马来半岛)，分布于马来西亚、缅甸、文莱、印尼和菲律宾，在海拔1 300 m 以下的地区广泛分布。东南亚人较喜欢小波罗蜜，在泰国、缅甸、马来西亚和印度尼西亚有小波罗蜜的人工栽培。在马来西亚的栽培较为广泛，受欢迎程度超过波罗蜜。在澳大利亚和美国也有种植。

在马来西亚和印度尼西亚有野生小波罗蜜分布，特别是在波罗洲和苏门答腊，但仅分布于具有明显旱季的原生和次生森林中。有人将分布于原生和次生低地热带雨林中的野生类型分类为变种 *silvestris*，但没有得到认可。

小波罗蜜是一种树体大小与波罗蜜近似的常绿乔木。栽培植株高可达18 m，野生植株高30～45.5 m。小波罗蜜的叶片、枝条、芽和花梗具有长而硬的褐色绒毛(可达3 mm)，但也有不具绒毛的野生类型。幼树叶片常3裂，呈三角形，成熟叶为倒卵圆形或椭圆形，叶片比波罗蜜小，长15～28 cm。成龄树叶散被绒毛或几乎无毛，叶面主脉有刚毛，叶背有稀疏而短的刚毛(苗平生，1986)。叶面朝叶柄方向骤然变窄，叶尖明显。托叶大，5～25 cm×2.5～12 cm。叶脉向前弯曲。雌、雄花序长5 cm，圆柱形。雌花花柱纤维状。果实圆柱形或不规则，很少长于35.5 cm、粗于50 cm，果皮黄色到橙色(亦称褐黄色到金黄色)，网状，有疣状突起，比波罗蜜小，通常为20～30 cm×10～15 cm。果实成熟时具有强烈的气味，被认为是所有果实中香味最强烈和丰富的果实。果实可鲜食，也可烹饪。果肉深黄色，柔嫩，黏滑，多汁，甜。野生种果肉较薄，略酸，无香味。果皮比波罗蜜薄。可在果实基部割开，用果柄将种子和果肉拖出。

小波罗蜜可用种子繁殖，也可嫁接到本砧或波罗蜜或其他波罗蜜属植物上。幼树5年挂果。果苞可鲜食，也可与大米混吃，种子炒食。木材坚硬耐久，可产生黄色染料，树皮可提取单宁。

小波罗蜜的果实与波罗蜜相似，只是部分果实小于波罗蜜。果皮较薄，果肉汁液更多，成熟时暗黄色。与波罗蜜的幼树容易区分，小波罗蜜的叶片及嫩枝上有许多长的硬毛，而波罗蜜没有。成年树通常比波罗蜜树矮小。未熟的小波罗蜜果实可用来做菜汤，成熟果实的果肉比波罗蜜更柔软、更香，也能做成菜肴（苗平生，1986）。

3. 极香面包果

极香面包果（Marang，*Artocarpus odoratissimus* Blanco.），又名香波罗、*A. mutabilis* Becc.、*A. tarap* Becc.。原产于菲律宾南部。

常绿乔木，高可达 20 m，主干直径可达 40 cm，有时会有板状根。树皮淡褐色，皮孔明显。叶片比波罗蜜大很多，有 13～15 对羽状脉。叶片、枝条和托叶都较硬，且两面都有毛。果实球形，直径 12～15 cm，果肉白色，芳香，甜。可鲜食，或制成各种加工品。

与小波罗蜜不同，在野生条件下该种是海拔 1 000 m 以下次生林的林冠优势种。在砂拉越州及印度尼西亚的许多地方栽培，也被引种至菲律宾南部，特别是民都洛岛、棉兰老岛、巴西兰和苏禄群岛（Coronel，1983）。据称，其最大的多样性存在于文莱的野生群落中。

4. 野波罗蜜

野波罗蜜（Lakoocha，*Artocarpus lakoocha* Roxb.）在印度又名 Monkey jack 或 Lakuchi，在马来半岛又名 Tampang，在泰国称 Lokhat。植株落叶性，高 6～9 m，叶片大，革质，背面多茸毛。同株异花，雄花序橙黄色，雌花序淡红色。果实近圆形或不规则，宽 5～12.5 cm，柔软，暗黄色带粉红色，果肉甜酸，多做成咖喱酱或酸辣酱，偶尔生食。雄花序较酸，有涩味，常腌制。原产于印度喜马拉雅山南坡海拔 1 200 m 以下的潮湿地区以及马来半岛和斯里兰卡。作为遮阴树或果树种植。幼苗 5 年后结果。野波罗蜜木材以 Lakuch 的名称销售，其比重大于波罗蜜木，与柚木相近，在室外或水中都有较强的耐性，但抛光困难，常用于深基础桩、建筑、船和家具。树皮含有 8.5% 的单宁，可像槟榔一样咀嚼。可生产绳索用纤维。

可从木材和根系中提取染料，颜色优于波罗蜜。种子和乳汁具有通便作用，树皮可用于皮肤病治疗，果实对肝有滋补作用。在我国，主要产于云南的河口、金平和西双版纳。

5. 白桂木

白桂木（Kwai Muk，*Artocarpus hypargyraeus* Hance）起源于中国，为珍稀濒危植物。果实外观丑陋但果肉鲜美。植株生长缓慢，枝条细长，直立，高 6～15 m，乳汁多，叶常绿，长 5～12.5 m。花序较小，黄色，异花同株，雌花序头状，长 1 cm。果实扁圆形或不规则，宽 2.5～5 cm，果皮有茸毛、褐色、薄、柔软，未成熟时富含果胶。成熟后，果肉橙红色或红色，柔软，微酸到酸，无种子或有 1～7 个白色小种子。果肉可生食，也可制作成蜜饯或干品。在广东、海南、福建、江西（崇义、会昌、大余）、湖南、云南东南部（屏边、麻栗坡、广南）有分布，分布在海拔 152 m 以下地区。－2.22～1.11℃的低温会伤害幼树，成年树在－3.89～3.33℃时也会受到伤害。在－6.67℃时会引起植株死亡。国外有少量引种。1927 年引入美国的佛罗里达州，在佛罗里达州 8～10 月成熟。1929 年引入波多黎各，生长较好。

6. 南川木菠萝

1982 年 8 月 7 日，四川省中药研究院药物种植研究所（现为重庆市药物种植研究所）的谭士贤和刘正宇首次在四川南川城区附近采到了这种树的果期标本，将其命名为南川木菠萝（*Artocarpus nanchuanensis* S. S. Chang），并于 1989 年将这一新种发表在《云南植物研究》。

南川木菠萝为常绿乔木，高可达 25 m；树皮深褐色、纵裂；叶革质、长圆形或椭圆形，有时近圆形，上面深绿色、无毛，背面灰绿色，密被白色糙毛，网状脉明显突起；枝条圆柱形，幼枝密被锈褐色柔毛；雌花序倒卵圆形，黄褐色；聚花果不规则球形，单生叶腋，直径 4～6 cm，表面混生白色硬毛和锈色微柔毛，成熟时从绿色变为橙黄色；核果多数近球形或卵状椭圆形；果皮薄；木质红棕色，纹理细而坚。果实成熟时因色泽、肉质和形状酷似面包，所以又被称为"面包树""水冬瓜"，果实可用于酿酒或加工果酱和饮料（马建伦，2006）。

2005 年 8 月，在南川区西部的石莲乡桐梓村附近，重庆金佛山国家级自然保护区管理局的工作人员在海拔 580 m 的石灰岩山地陡坡上发现了 1 处南川木波罗野生群落，其中包括成年大树 4 株、幼树 1 株，当地人称该树为"毛头果"。

7. 面包果

面包果［Breadfruit，*Artocarpus communis* Forst. 或 *Artocarpus altilis* (Park.) Fosberg］，原产于波利尼西亚、马来西亚半岛和西太平洋岛屿。因其果肉烤制后味如面包而得名，可以像富含淀粉的马铃薯一样煮食或煎炸，也可制成面包、馅饼和布丁。1793 年由 Bligh 自南太平洋的塔希提岛引入西印度群岛。

在最新的波罗蜜属分类系统中，把 3 个面包果种——*Artocarpus altilis*（原面包果）、*Artocarpus mariannensis*（dugdug，原产马里亚纳群岛，是面包果的自然杂交种，幼苗叶片全缘，成年树叶片深裂）和 *Artocarpus camansi* 并入具有高度多样性的 *Artocarpus communis* 种中。

8. 其他

毛桂木(*Artocarpus hirsutus*)为常绿乔木,原产印度。果甜,可食,与波罗蜜类似。其木材材质特别优质。

野树波罗(*Artocarpus chaplasha*)为落叶乔木,分布在我国云南(西双版纳、金平、河口)以及印度(包括安达曼岛)、孟加拉国、缅甸、泰国、不丹、老挝、马来西亚等地。其木材为恰普拉波罗蜜木(Chaplash)。

面包坚果(Breadnut 或 Seeded breadfruit, *Artocarpus camansi* Blanco),原产新几内亚岛;Pedalai(*Artocarpus sericicarpus*),原产马来西亚、婆罗洲,果实橙黄色,圆形,直径 15 cm 左右,果实内部与香波罗(marang)相似,但味更好、肉更硬。

还有果木菠萝及五美木菠萝(*Artocarpus gomezima* Wall.)等约 10 个种。

桑科中还有另外一种果树,称为橙桑(Osage orange, *Maclura pomifera*),为落叶乔木或小乔木,原产美国的中西部和东南部。我国大连市、秦皇岛市海滨和河北平山县有栽培。

表 1-1 列出了一些果实可食用的波罗蜜属野生种,数据来自 Burkill (1935)、Jarrett (1959)、Sastrapradja (1975)、Arora (1985) 和 Martin 等 (1987)。

表 1-1　其他一些果实可食用的波罗蜜属植物

种名	分布地
Artocarpus anisophyllus Miq. var. *sessilifolius* K. M. Kochum.	马来西亚
A. blancoi(Elm.) Merr.	菲律宾
A. chaplasha Roxb.	印度,泰国,缅甸,中南半岛
A. cumingiana Tréc.	菲律宾
A. dudak Miq.	苏门答腊,马来西亚
A. elasticus Reinw.	马来西亚,印度尼西亚,菲律宾
A. fulvicortex Jarrett	马来西亚,印度尼西亚
A. glauca Blume	爪哇
A. gomezima Wall.	马来西亚
A. involucrata K. Schum.	巴布亚新几内亚
A. kemando Miq.	印度尼西亚,马来西亚
A. lakoocha Roxb. *	印度,尼泊尔,马来西亚,孟加拉国

种名	分布地
A. lanceaefolius Roxb. *	马来西亚，泰国
A. lowii King	泰国，马来半岛
A. maingayi King	马来西亚
A. nitidus Tré.	中国，中南半岛，泰国
A. nobilis Thw.	马来西亚，加里曼丹岛，苏门答腊岛，斯里兰卡
A. rotundata Merr.	印度，马来西亚
A. sarawakensis Jarret	苏门答腊，马来西亚

＊偶尔也会有栽培。

二、波罗蜜植物种质资源研究

目前还没有找到野生条件下的波罗蜜，尽管有些人相信在安达曼群岛能够找到野生植株。

叶春海等于2006—2012年对广东、广西、海南和云南四地的波罗蜜资源进行了调查研究，在以高产、优质、优良的农艺性状（易控制树冠、粗壮结果枝多、多次开花）为主要目标的同时，还收集了一批具有特殊性状（如抗逆、抗病虫、流胶少不黏手、无性繁殖容易）及表现出各种形态变异的种质。

叶春海等的研究收集、调查了500多份种质，同时引进了2份巴基斯坦种质、4份马来西亚种质、5份泰国种质，对其中比较有利用价值的170多份种质进行了详细的形态性状分析。结果表明，在这些种质中存在广泛的形态性状变异，部分调查结果见图1-3～图1-10。

叶春海等用RAPD（随机扩增多态性DNA，random amplifed polymorphic DNA）标记对源自雷州半岛的65份波罗蜜种质资源的遗传多样性进行了检测（2005），16个引物共检测到78条带，其中69条具多态性（占88.4%）。各种质间的遗传相似系数（genetic similarity）分布在0.277 8～0.884 1之间，平均为0.734 1，构建的树状图如图1-11所示。此前尚未见使用RAPD标记分析波罗蜜种质遗传多样性的其他报道。

叶春海等用AFLP（扩增片段长度多态性，amplified fragment length polymorphism）标记对源自广东、广西、海南和云南的50份种质进行了遗传多样性分析（2007）（图1-12）。在90对引物中最终选出8对条带在30条以上的引物用于遗传多样性分析。8对引物共扩增出320条带，多态片段数为65个，多态率为12.20%～31.37%，平均为20.31%。平均多态率比同样使用AFLP

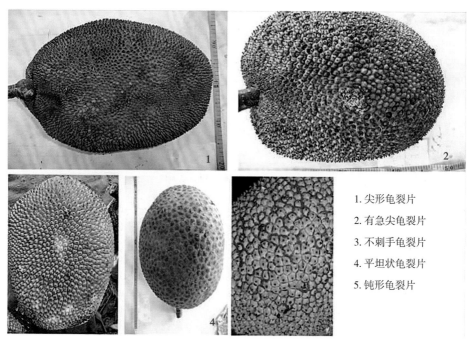

1. 尖形龟裂片
2. 有急尖龟裂片
3. 不刺手龟裂片
4. 平坦状龟裂片
5. 钝形龟裂片

图 1-3　果皮龟裂片形态差异(叶春海 提供)

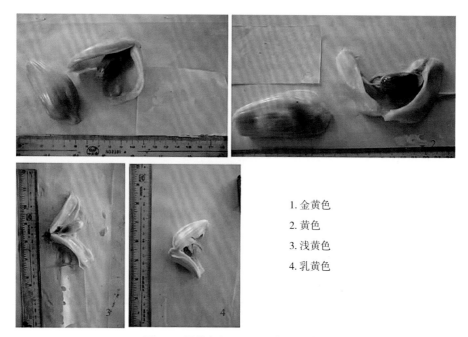

1. 金黄色
2. 黄色
3. 浅黄色
4. 乳黄色

图 1-4　果苞色泽差异(叶春海 提供)

1. 椭圆形果实

2. 畸形果实

3. 圆形果实

图 1-5　果实形状差异（叶春海 提供）

1. 青绿色	5. 金黄色
2. 绿色	6. 褐色
3. 黄绿色	7. 黑褐色
4. 黄色	

图 1-6　果皮色泽差异（叶春海 提供）

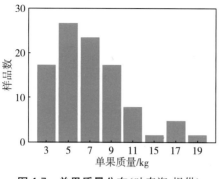

图 1-7　单果质量分布(叶春海 提供)

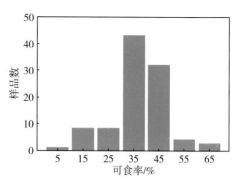

图 1-8　可食率分布(叶春海 提供)

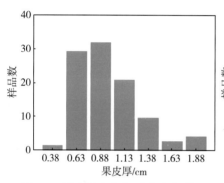

图 1-9　果皮厚度分布(叶春海 提供)

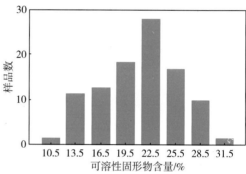

图 1-10　可溶性固形物含量分布(叶春海 提供)

标记研究来自世界各地的 26 份波罗蜜种质(Schnell 等，2001)的多态率(45.1%)低，但与使用 AFLP 研究印度的波罗蜜种质(Shyamalamma 等，2008)的多态率(21.58%)相当。每个引物组合产生的多态性条带在 5~16 之间，平均为 8.1。这一结果与 Schnell 等(2001)的结果(7.6)相似，但显著低于 Shyamalama 等(2008)的结果(158)。从目前这 3 个用 AFLP 来分析波罗蜜种质资源遗传多样性的研究结果来看，AFLP 在波罗蜜上的多态性揭示能力有限，这可能与波罗蜜中含有大量重复 DNA 有关，因 Azad 等(2007)的研究认为波罗蜜可能是四倍体起源，其染色体组为 $2n=4x=56$。

用 AFLP 标记分析的 50 份波罗蜜种质间的遗传相似系数为 0~0.984 1，平均为 0.500 0。这一结果与 Schnell 等(2001)的结果(遗传相似系数 0.567~0.950，平均为 0.743)相比较高，表明我国波罗蜜种质比 Schnell 所研究的 26 份来自世界各地的波罗蜜种质的遗传多样性要高。与 Shyamalamma 等(2008)的结果(遗传相似系数 0.137~0.978，平均为 0.563)相比，我国波罗蜜种质的遗传多样性与波罗蜜原产地印度的相当。

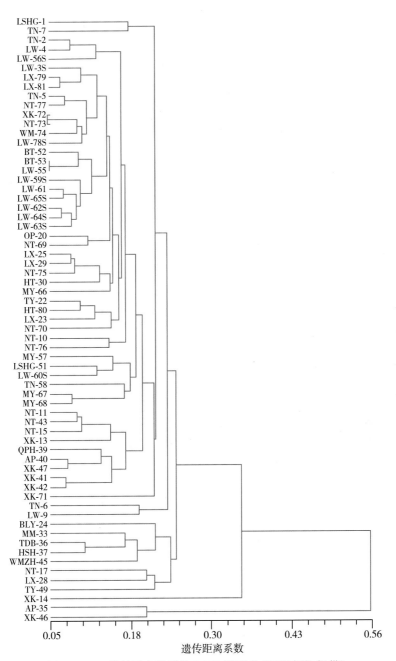

图 1-11　65 份波罗蜜种质的 RAPD 聚类分析(叶春海 提供)

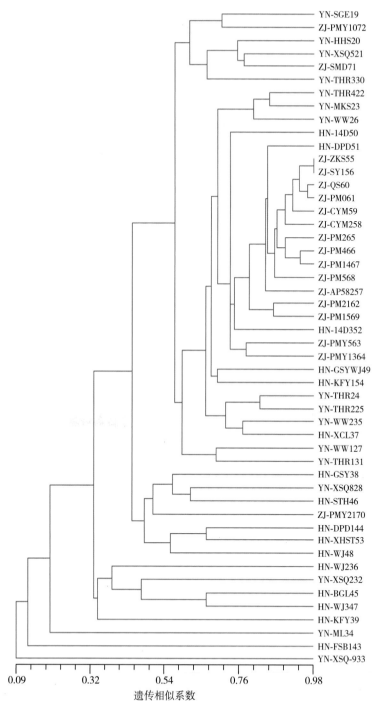

YN-SGE19
ZJ-PMY1072
YN-HHS20
YN-XSQ521
ZJ-SMD71
YN-THR330
YN-THR422
YN-MKS23
YN-WW26
HN-14D50
HN-DPD51
ZJ-ZKS55
ZJ-SY156
ZJ-QS60
ZJ-PM061
ZJ-CYM59
ZJ-CYM258
ZJ-PM265
ZJ-PM466
ZJ-PM1467
ZJ-PM568
ZJ-AP58257
ZJ-PM2162
ZJ-PM1569
HN-14D352
ZJ-PMY563
ZJ-PMY1364
HN-GSYWJ49
HN-KFY154
YN-THR24
YN-THR225
YN-WW235
HN-XCL37
YN-WW127
YN-THR131
HN-GSY38
YN-XSQ828
HN-STH46
ZJ-PMY2170
HN-DPD144
HN-XHST53
HN-WJ48
HN-WJ236
YN-XSQ232
HN-BGL45
HN-WJ347
HN-KFY39
YN-ML34
HN-FSB143
YN-XSQ-933

0.09   0.32   0.54   0.76   0.98

遗传相似系数

图 1-12　50 份波罗蜜种质的 AFLP 聚类分析（叶春海 提供）

叶春海等(2009)使用24对筛选出的ISSR引物对78份主要来自雷州半岛的波罗蜜种质进行了遗传多样性分析。24对引物共获得503条多态性条带，平均每对引物可获得20.95个多态性条带，与AFLP标记相比，多态性揭示能力大大提高。初步的分析结果表明，78份种质间的遗传相似系数为0.502 2～0.944 6，平均为0.772 4。仅从遗传相似系数来看，这一结果与Schnell等(2001)使用来自世界各地的26份波罗蜜种质的研究结果相似，进一步说明我国波罗蜜种质间存在较为丰富的遗传多样性，而这里所研究的种质还仅仅是雷州半岛的部分种质(图1-13)。

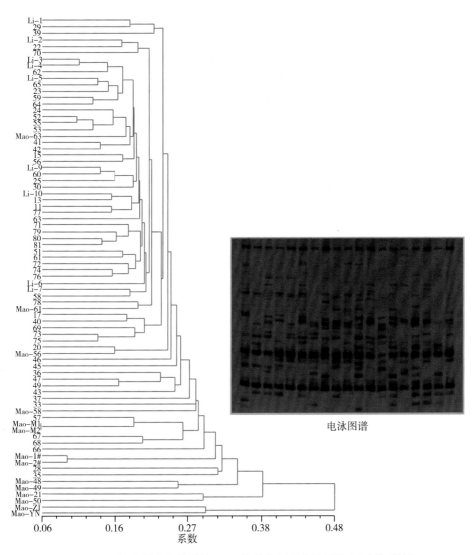

电泳图谱

图 1-13　78 份雷州半岛种质的 ISSR 聚类分析和电泳图谱(叶春海 提供)

根据农艺及形态性状初选，叶春海等建立了保存有 68 份波罗蜜种质嫁接苗的种质资源圃(图 1-14)。经受 2008 年初的低温后，各种质长势良好，部分种质已经进入结果期。

图 1-14　种质资源保存圃中长势良好的波罗蜜植株嫁接苗(李映志 摄)

李映志等(2008)还以 Delphi 7.0 为主导设计语言，建立了波罗蜜种质资源管理信息系统。该系统将各类数据分成 9 张表，主要包括种质的收集地信息、种质评价信息、种质管理和利用信息及种质性状信息，除实现多年性状调查数据的管理外，还能按种质的关联显示其相关的环境信息、利用信息和评价信息，所有数据描述均采用 IPGRI 制定的波罗蜜种质描述标准。软件系统的完成为我国波罗蜜种质的信息化管理和数据共享提供了一个有力的工具。目前该软件系统已经获得国家软件著作权登记。

朱剑云等(2005)对东莞市林科所收集和引种的 8 份波罗蜜种质进行了 RAPD 分析，结果表明，8 份种质材料间均存在遗传差异。8 份种质可分成 3 组，第一组包括干苞树波罗 11 号、干苞树波罗 14 号、干苞树波罗 15 号、马来西亚树波罗；第二组包括无核树波罗和无胶树波罗；第三组包括干苞树波罗 79 号和湿苞树波罗。其中，无核树波罗与无胶树波罗之间的亲缘最近(相似系数为 0.887)，马来西亚树波罗和湿苞树波罗(相似系数为 0.656)、湿苞树波罗和无核树波罗(相似系数为 0.651)的亲缘关系最远。干苞、湿苞性状间的差异可能来自基因组中个别或少数几个基因座位，其遗传物质的差别不代表材料间遗传物质总体的差别。

潘建平等(2007)在对阳东区红丰镇钓月村树波罗资源调查的基础上，筛选出 6 个具有商品性的优良单株，分别为干苞 1 号、干苞 2 号、干苞 3 号、湿苞 1 号、湿苞 2 号和湿苞 3 号。这 6 个种质都是每年开花、结果 3 次：第 1 次开花在 1～2 月，5 月～6 月上旬果实成熟；第 2 次开花在 3 月下旬～4 月，6

月下旬～8月果实成熟；第 3 次开花在 5 月中旬～6 月，9～10 月果实成熟。干苞类型的可溶性固形物含量 23.0％～28.0％，全糖含量 18.1％～23.3％，维生素 C 含量 2.2％～6.2％；湿苞类型的可溶性固形物含量 21.0％～23.0％，全糖含量 14.5％～16.6％，维生素 C 含量 2.5％～3.8％。

叶春海等（2006）分析了 65 份波罗蜜种质的果实性状分布情况，果实纵径 19.5～52 cm，果实横径 16～32 cm，单果质量 3.22～17.94 kg，苞刺密度 68～508 dm²，苞刺长 0.135～0.765 cm，果形指数 0.9～2，果皮厚 0.47～1.8 cm，果苞总数 70～654 个，果苞厚 0.16～0.48 cm，种子总数 60～608 粒，种子纵、横径比 1.31～2.09，可溶性固形物含量 12.5％～31.47％，可食率 17.1％～65.9％，单果苞质量 4.1～44.2 g，单粒种子质量 3.1～15.3 g。

王俊宁等（2010）以广东湛江地区 22 份波罗蜜种质为试材，进行了果实品质分析测定。结果表明，22 个波罗蜜株系中，氨基酸含量 0.38％～9.20％，可溶性蛋白质含量 5.04％～0.59％，总糖含量 15.68％～28.18％，有机酸含量 0.06％～0.40％，维生素 C 含量 3.11～7.39 mg/100g，可溶性固形物含量 14.75％～27.38％。

王艳红等（2010）利用磁珠富集法分离出波罗蜜微卫星位点，并成功设计出波罗蜜 SSR（简单序列重复，simple sequence repeat）分子标记引物。基因组 DNA 经 MseI 酶切后，用生物素标记的简单重复序列做探针与其杂交，杂交复合物固定到包被有链霉亲和素的磁珠上，经过一系列的洗涤过程，含有 SSR 的酶切片段被吸附到磁珠表面。这些片段经洗脱下来后，先用对应的引物扩增，再进行克隆和测序。实验共挑出 83 个阳性克隆进行测序，成功设计合成 SSR 引物 19 对。并通过这 19 对 SSR 引物对 20 份波罗蜜种质资源进行分析，全部能扩增出特异性条带，其中 18 对引物扩增的条带具有多态性，可以作为波罗蜜分子标记使用。

海南兴隆地区的波罗蜜栽培历史悠久，资源丰富，波罗蜜树遍植于房前屋后、村庄边缘、公路两旁、山坡地和防护林带，谭乐和等（2006）对其中的 20 余份资源进行了农艺性状评价，筛选出了一批优异单株。范鸿雁等（2012）也对海南省的波罗蜜种质资源进行了调研，并对 36 份种质进行了性状评价，发现海南省波罗蜜种质资源的遗传丰富度大于中国其他波罗蜜种植区，具有很多特有资源。陆玉英等（2011）对广西的防城港、银海、合浦、灵山、博白等主要波罗蜜分布区的波罗蜜资源进行了调查，选出了 10 个优选单株。其单果质量 2.8～15.7 kg，全果苞数 41～333 个，单苞质量 25.3～65.8 g，果肉有黄、白色，果腱亦有黄、白色，全果苞肉率 40.1％～56.4％。

三、主要品种

我国波罗蜜种植传统上以实生苗为主，实践中创造了很多具有优异性状的实生单株，这些实生单株是选种的重要材料。我国现有育成的品种中，常有波罗蜜选自广东本地波罗蜜单株，在广东茂名、阳江等地广泛种植；马来西亚1号和泰国四季波罗蜜为国外引进种质，其中的马来西亚1号在海南有大规模种植。

除了实生选种外，因为波罗蜜实生苗最快可在种植后3～4年结果，杂交育种在波罗蜜新品种选育上也有很大的发展前景。如，印度用双造品种 Singapore Jack 作母本，用大果、大苞、质优的本地品种 Velipala 作父本，历时25年，选育出一个在早熟性、果实大小、正反季节结果能力和产量上均超过亲本的杂交后代。另外，波罗蜜和小波罗蜜可在自然条件下发生杂交（Mendiola，1940），马来西亚就选育了一个小波罗蜜-波罗蜜的杂交品种 Ch/Na（Soepadmo，1991）。

根据波罗蜜果肉质地的表现，可将波罗蜜品种分为干苞和湿苞2类，前者果肉较硬、较脆，后者果肉湿软。尽管2类品种在树干、分枝、结果早晚等性状上存在一些差异，但它们在果肉品质的其他方面没有明显的差异（谭乐和等，2006）。

根据波罗蜜的花期和结果习性，还可将波罗蜜品种分为双造波罗蜜和单造波罗蜜。双造波罗蜜1年可开花、结果2次，第1次在立春前后开花，果实在夏至至大暑前后成熟；第2次在立秋前后开花，果实在冬至至小寒前后成熟。双造波罗蜜由于花、果期前后相接，也被称为四季波罗蜜（谭乐和，2006）。波罗蜜花期受气候条件和植株营养状况的影响较大，同一品种不同年份的花期可能会有较大差异，双造波罗蜜在某些年份可能只开1次花，其中的机制还有待研究。

不同波罗蜜品种间，果实性状会存在较大的差异。果实形状有圆形、长圆形，授粉不佳时会有较大比例的畸形果；果皮的苞刺有扁平、锐尖、钝圆等形状；果皮颜色有绿色、黄色、褐色、棕色等；果苞颜色有浅黄色、金黄色、深黄色、红黄色等；果腱颜色有浅黄色、白色、黄色等，有些品种的果腱也有甜味，质脆可食。

1. Bali Beauty

Bali Beauty 由印度尼西亚巴厘岛选育。树冠直立，树势中等，树冠直径很容易保持在3 m以下。果实长圆形，果大，单果质量8～10 kg。果肉暗橙黄色，肉质中等硬，风味优，甜，食后无收缩感。年株产60 kg。

2. Black gold

Black gold 由澳大利亚昆士兰选育。树冠开张、伸展。树势强旺，枝条密集，生长速度快，通过每年修剪可以使树冠直径维持在 2~2.5 m。果实中等大小，单果质量 6.7 kg，果实长、尖。果皮暗绿色，刺尖，成熟时不变平或开裂，因而不易判断果实的适宜收获时间和成熟时间。果肉橙黄色到深橙黄色，质地中等硬，化渣，肉软，可食率 35%。每果含种子 192 粒，占果重的17%。品质好，风味甜，浓香，果肉容易剥离。高产，稳产，年株产 55~90 kg。迟熟，产地 9~10 月成熟。常用作砧木。

3. Chompa Gob

Chompa Gob 由泰国选育，曾是泰国最好的品种。树冠开张、伸展，生长速度快，可以通过修剪控制树冠直径在 3~3.5 m 内。果实中等大，单果质量8.4 kg，果实短圆形，果形一致。果皮淡绿色到黄色，刺尖锐，成熟时刺变平。果肉橙黄色到深橙黄色，质地脆，可食率 30%。每果含种子 200 粒，占果重的 7%。品质好，风味淡，香甜，果肉质地优。果胶少，易于食用。产量中等，年株产 45~60 kg，中熟，7~8 月成熟。保持较小树冠。

4. Cheena

Cheena 由澳大利亚选育，是波罗蜜和小波罗蜜的自然杂交种。树冠开张、伸展、低矮，生长速度中等，通过每年修剪树冠垂直和水平分布，可将树冠直径控制在 2.5 m 内。果实小，单果质量 2.4 kg。果实细长形，果形及果实大小一致。果皮绿色，成熟时苞刺变钝、变黄、轻微开裂。果肉深橙黄色，质地软，有稍许纤维感，可食率 33%。每果含种子 38 粒，占果重的11%。品质优，风味出色，香气浓郁，有土味，果肉容易剥离。产量中等，稳产，年株产 50~70 kg。中熟，7~8 月成熟。

5. Cochin

Cochin 由澳大利亚选育，树冠稀疏、直立、窄，生长较慢。每年只需轻度修剪就可控制冠高在 2~2.5 m、冠径 1.5 m。果实较小，单果质量 1.5 kg。果实圆形，不规则。果皮平滑，成熟时刺变平，开裂。果肉黄色到橙黄色，质地软，有稍许纤维感，可食率 35%~50%。一年中有些时期结的果实，包括果腱在内整个果肉都可食用。每果含种子 35 粒，占果重的 7%。品质好，风味淡，果胶少。产量中等，年株产 38~50 kg，中产和高产后树势容易衰退。早熟，6~7 月成熟。应进行疏果。

6. Dang Rasimi

Dang Rasimi 由泰国选育。树冠开张、伸展，生长速度快。树势强，需每年修剪以维持树冠直径在 3~3.5 m。果实中等大到大，单果质量 8 kg。果实长圆形，若通过疏果保持每枝 1 个果时，果形则会整齐一致。果皮亮绿色到淡黄色，苞刺尖锐，成熟时不变平、不开裂。果肉深橙黄色，质地硬到软，可食率32%。每果含种子187粒，占果重的12%。风味淡，甜，香气怡人，果肉薄。非常高产，年株产75～125 kg，而且树势仍很健壮。中熟，7～8月成熟。

7. Gold Nugget

Gold Nugget由澳大利亚昆士兰选育。枝条密集，树冠开张，生长速度快，树冠直径可以控制在2～2.5 m的范围内。叶片暗绿色，圆形。果实小，单果质量3.2 kg。果实圆形，果皮绿色，刺尖，成熟时刺变平滑，金黄色。果肉深橙黄色，视果实成熟度质地软到中等硬，无纤维感，可食率41%。每果含种子79粒，占果重的13%。风味优，遇暴雨会发生熟前裂果。高产，稳产，年株产60～80 kg，早熟，5～6月成熟。推荐疏果。

8. Honey Gold

Honey Gold由澳大利亚昆士兰选育。树冠稀疏、伸展，生长速度慢到中等，树冠小，通过每年修剪可以控制树冠直径在2.5 m以内。果实小到中等，单果质量4.5 kg。果实短圆形，果皮暗绿色，刺小而尖，果实成熟后开裂，果皮变为金黄色。果肉深黄色到橙黄色，质地硬，可食率36%。每果含种子42粒，占果重的5%。甜，风味丰富，有浓郁的甜香味，果肉厚，果肉质地优。产量中等，年株产35～50 kg，中熟，7～8月成熟。为维持旺盛的生长，需进行疏果。

9. J-29

J-29由马来西亚选育。果实卵圆形，较大，单果质量10 kg。果皮绿黄色。果苞大，果皮厚，橙色，硬，甜。较少果胶。

10. J-30

J-30由马来西亚选育。生长势强，树冠开张，圆锥形，生长速度快。需年年修剪以维持树冠直径在3 m左右。果实中等大，单果质量7.6 kg。单果挂在主干上，长圆形，果形一致。果皮暗绿色，成熟时刺变平钝。果肉深橙黄色，质地硬，可食率38%。每果含种子200粒，占果重的9%。风味浓，甜，清香，果肉厚，质地优。产量中等，年株产50～60 kg，中熟，7～8月成熟。

11. J-31

J-31由马来西亚选育。树冠开张、伸展，生长速度快，树势中等。通过每年修剪容易控制冠高和冠径在2～2.5 m。果实小到中等大，单果质量6～12 kg，果形不规则，钝刺明显，成熟时刺变平。果皮绿黄色，果苞圆形，果肉深黄色，质地硬，可食率36%。每果含种子180粒，占果重的18%。风味甜，具有浓郁的土香。果实很少裂果，果肉质地优。产量中等，年株产42～60 kg。早熟，5～6月成熟。大小年现象严重，经常在秋季和冬季产生反季节果。

2000 年，海南省农业科学院热带果树研究所将该品种引入海南，并命名为琼引 1 号波罗蜜。

12. Kun Wi Chan

Kun Wi Chan 由泰国选育。树势强旺，枝条密集，生长速度快，需每年修剪以维持树冠直径在 4 m 内。果实大，平均单果质量 15 kg。果实圆形，果形一致，刺尖，成熟时刺不变平。果肉黄色，质地中等硬到软，可食率 29%。每果含种子 210 粒，占果重的 11%。风味淡，香气怡人，品质一般。非常高产，年株产 110 kg。中熟，7～8 月成熟。

13. Lemon Gold

Lemon Gold 由澳大利亚昆士兰选育。树势中等，树冠开张、伸展，生长速度中等。每年修剪可维持树冠直径在 3.5 m 内。果实中等小，平均单果质量 6 kg。果实短圆形，果皮亮绿色，肉质刺明显，成熟时变平。果肉柠檬黄色，质地硬，果肉可食率 37%。每果含种子 104 粒，占果重的 14%。风味甜香。产量中等，年株产 30～45 kg，中熟，7～8 月成熟。

14. Leung Bang

Leung Bang 由泰国选育。树势壮旺，开展，需每年修剪以维持树冠直径在 3.5 m 内。果实大，长方形，和 Tabouey 品种相似。果实大小变化大，平均单果质量 6 kg 左右。果肉硬，黄色，风味甜香，无回味。产量中等，稳产，年株产 50 kg。

15. NS 1

NS 1 由马来西亚选育。树势中等，枝条密集，树冠直立，生长速度中等，每年中度修剪可维持树冠直径在 2.5～3 m。果实小到中等小，平均单果质量 4.2 kg。果实短圆形，果皮暗绿色，刺平而钝，成熟时刺变平，裂开。果肉暗橙黄色，质地硬，可食率 34%。每果含种子 63 粒，占果重的 5%。风味甜，香气丰富，果肉质地优。高产，年株产 90 kg 以上。早熟，5～6 月成熟。对青壮树应进行疏果。常用作砧木。

16. Singapore

Singapore(或 Ceylon)由新加坡选育，风味突出。在马来西亚和印度表现佳。树势中等，开张。叶片大而美丽，每年修剪可维持树冠直径在 2.5～3 m。果实中等大，果皮暗绿色，刺小而尖。心皮纤维性，较小，肉脆，极甜，暗橙黄色，风味丰富，品质优。结果期早，能在种植后 1.5～2.5 年结果。1949 年自斯里兰卡引入印度并广泛种植，除夏季(6 月和 7 月)收获外，还可结二造果(10 月到 12 月)。

17. Tabouey

Tabouey 由印度尼西亚选育。树冠开张，圆形，生长速度慢到中等。叶片小，暗绿色，圆形。树势中等强旺，每年修剪可维持树冠直径在 3 m 以内。果实中等大到大，单果质量 9～11kg。果实细长，果柄部较细，经常畸形，收获前易发生无规律的裂果，亮黄色。刺钝而不规则，成熟时不变平。果肉淡黄色，质地硬，果肉可食率 40%。每果含种子 250 粒，占果重的 12%。风味淡而怡人，香味非常淡，几无香气。产量中等，年株产 50～70 kg。迟熟，9～10 月成熟。对青壮树应进行疏果。

18. Sweet Fairchild

Sweet Fairchild 由美国佛罗里达选育，从 Tabouey 的实生苗中选育。树冠直立，树势强旺，每年修剪可维持树冠直径在 3.5 m 以内。高产，稳产，年株产 90 kg 或更多。果实大，平均单果质量 8 kg。果皮淡绿色到黄色。果肉淡黄色，硬，风味淡，甜。

19. Mastura

Mastura(CJ-USM 2000) 由马来西亚选育。由 Dr Zainal Abidin 和 Lim Cheh Gaan 历时 6 年选育出，为 CJ-1（母本）和 CJ-6（父本）的杂交种。平均单果质量 40 kg（在马来西亚砂拉越州平均单果质量 15～25 kg）。刺钝，成熟时，果肉金黄色，果肉多汁，风味浓香。种植后 1.5 年开始结果，5 年后进入盛产期，年株产可达 400～500 kg。

20. Golden Pillow

Golden Pillow(Mong Tong)19 世纪 80 年代从泰国引入美洲。在原产地泰国因其形美和质优而闻名。树体小，冠高和冠幅可以控制在 3 m 以内。果实质量 3.6～5.5 kg，可食率 35%～40%。每果含 65～75 粒种子，果胶少。果肉厚而脆，金黄色。风味淡而甜，食后无麝香味。该品种进入结果期早，种植后第 2 年即可结果。

21. Mia 1

Mia 1 树势强旺、高产、品质好。种植后 2～3 年挂果。果实质量可达 11～13 kg，果皮金黄色。果肉脆，甜，品质佳，果胶少。树冠大小可控制在 2.5 m 左右。

22. 茂果 5 号

茂果 5 号（图 1-15）也称常有波罗蜜，由广东省茂名市水果科学研究所选育，为实生苗繁殖后代。果实椭圆形或长椭圆形，果肩平圆，果顶钝圆，果皮表面凹凸少。果型中等偏细，单果质量 3～5 kg，最大 8 kg。果皮较薄，黄绿色。干苞，果苞金黄色，可食部分 67%～69%，苞肉可溶性固形物含量 20.5%～27.5%。清甜，香味浓郁，干爽脆嫩。果实成熟后果胶极少或无胶，食用不黏手。7月初~9月中旬成熟。

图 1-15　茂果 5 号植株和果实（叶春海 摄）

23. 红肉波罗蜜

红肉波罗蜜由广东高州市华丰无公害果场、华南农业大学园艺学院、高州市水果局、东莞市林业科学研究所、茂名市水果局联合选育，2009 年通过广东省农作物品种审定（粤审果 2009007）。早结丰产，综合性状优良，无性繁殖遗传性状稳定。具有一年多次开花结果的特性，嫁接苗定植后 2~3 年开始开花结果。果长椭圆形，中等大，平均单果重 9.5 kg。干苞，果肉橙红色，肉厚爽脆、味清甜有香气，可溶性固形物含量 18.87%，维生素 C 含量 9.54 mg/100g，果实成熟后少乳胶。4 年生树平均年株产 89 kg，5 年生树可达 111.4 kg。

24. 四季波罗蜜

四季波罗蜜由广东高州市华丰无公害果场、华南农业大学园艺学院、茂名市水果学会、茂名市老区建设促进会、高州市良种繁育场共同选育，2009年通过广东省农作物品种审定（粤审果 2009019）。早结丰产，周年结果。果实长椭圆形，中等大，平均单果质量 10.2 kg。干苞，肉厚，橙黄，爽脆，味清甜，有香气，鲜果可溶性固形物含量 21.38%，维生素 C 含量 4.73 mg/100g，果实成熟后少乳胶。嫁接苗定植后 2~3 年开始开花结果，3 年生树平均株产 58.2 kg，5 年生树平均株产 135.2 kg。

25. 海大 1 号

海大 1 号(图 1-16)由广东海洋大学从干苞类波罗蜜实生群体中通过单株选育。2013 年通过广东省农作物品种审定委员会审定(粤审果 2013004)。树冠圆锥形，树干灰褐色。叶椭圆形，浓绿色，革质，叶面平，叶尖钝尖，叶基楔形。果实近椭圆形，黄绿色，平均单果质量 2.48 kg。果肉金黄色，爽脆浓香，可溶性固形物含量 27.20%，维生素 C 含量 112.7 mg/kg，熟果黏胶少，可食率 62.30%。5 年生树平均株产 38.45 kg。尤其适宜在广东雷州半岛等南亚热带区域栽培。

图 1-16　海大 1 号植株和果实(叶春海 摄)

26. 海大 2 号

海大 2 号(图 1-17)属实生后代变异株，干苞，2014 年通过广东省农作物品种审定委员会审定(粤审果 2014009)。植株生长势较强，树形圆球形，树干黄褐色、有纵裂。叶椭圆形，绿色，革质，叶面微凸，无叶尖，叶基楔形。果基平，果顶钝圆。1 年可抽生新梢 4～5 次，1 年多次开花结果，春季花果花期主要在 3 月中、下旬～5 月中旬，花期 50～60 d，秋季花果花期主要在 9月中旬～10 月下旬，花期 40～50 d。果实中等偏大，平均单果质量 7.52 kg。果肉黄色，风味浓郁，爽脆多汁，果苞可食率 58.0%，可溶性固形物含量21.5%。4 年生结果株平均株产 25.5 kg，5 年生平均株产 49.2 kg，6 年生平均株产79 kg，7 年生平均株产 195 kg。

图 1-17　海大 2 号植株和果实(叶春海 摄)

27. 海大 3 号

海大 3 号(图 1-18)是广东海洋大学从干苞类波罗蜜实生群体中通过单株选育的新品种,2014 年通过广东省农作物品种审定委员会审定(粤审果2014003)。树势较旺盛,树冠圆锥形,树干黄褐色、有纵裂,分枝力中等。叶椭圆形,绿色,革质,叶面平,叶尖钝尖,叶基楔形。果实长椭圆形,黄色,果顶平,果柄部楔形。平均单果质量 4.47 kg。果苞短圆形。果肉金黄色,干苞,肉质爽脆、浓香、甜而多汁,熟果黏胶较少,可溶性固形物含量27.50%,维生素 C 含量65.90 mg/kg,可溶性蛋白质含量 6.08 g/kg,果苞可食率 56.95%。花谢至果实成熟约需 115~130 d,果实 7 月中、下旬成熟。丰产性好,5 年生嫁接树平均株产 47.85 kg,折合单产约为 12 920 kg/hm²。小果型,丰产性好,品质优良,风味浓,适宜在广东雷州半岛及相近气候条件的地区栽培。

28. 云热-206

云热-206 由云南省农科院热带亚热带经济作物研究所从本地波罗蜜种质资源中选育,2006 年命名。单株成熟期在 7 月中旬,果实发育期 90~120 d。植株生长量中等。叶片大,长 17.10 cm、宽 8.52 cm。果实椭圆形,中等大,果长 25.5 cm,果径 15.4 cm,平均单果质量 2 233 g。果皮青绿色。种子长

2.957 cm、宽 2.052 cm，种子数较少(40.9 粒/kg)。成熟时果苞金黄色，果苞长 3.951 cm、宽 3.256 cm，果、苞质量比率为 72.40%，果苞清香味浓。成熟期为 7 月中旬。

图 1-18　海大 3 号植株和果实(叶春海 摄)

29. 马来西亚无胶波罗蜜

马来西亚无胶波罗蜜即马来西亚 1 号，是马来西亚选育的优良品种，1998 年由海南省农业科学院热带果树研究所、海南省农垦总局西联农场海晶果苗公司引进。植株生长迅速，树体中等挺拔、开张，树冠多伞形或圆头形，少椭圆形，多开张，自然条件下生长的植株具多个中心主枝。叶革质，多呈倒卵形至椭圆形，长 8～13 cm，叶片先端钝圆，有短尖，基部楔形，全缘，边缘整齐无锯齿；叶柄 1.1～3.6 cm。正常管理条件下植株 18 个月即开花挂果，四季均可开花结果。正常年份一般上年 12 月底为开花高峰期，其间若遭受低温危害，则于翌年 2 月出现高峰。果实一般经 6～7 个月的时间发育成熟。成熟果实大而匀称，长椭圆形，平均果实质量 18.02 kg。成熟果果皮黄色，果皮厚 1.17 cm，包刺钝圆、软化。果苞黄色，单果果苞质量 43.69 g，多呈肾形、纺锤形、广梭形或长方形。果肉可溶性固形物含量 17.39%，肉质厚实细腻，气味芳香浓烈，汁多、蜜甜、脆口，无胶或少胶，品质中上。种子白色至浅褐色，长圆形、肾形、广圆形。

第三节　波罗蜜苗木繁育

传统上我国波罗蜜以种子繁殖为主，形成的植株结果晚，后代性状变异大。现有规模化种植的波罗蜜园均采用嫁接方法繁殖优良品种。

一、实生苗培育

波罗蜜种子萌发的适宜温度为 30℃，最低温度为 10℃。在 30℃ 条件下，1 周内的发芽率可达 90%；在 20℃ 和 40℃ 时，发芽速度显著延迟；在 10℃ 时，萌发极慢、发芽率极低，经过 15 d 后也仅有 3% 萌发。

采集波罗蜜种子时，须注意母株的品种类型。叶耀雄(2008)的研究表明，湿苞波罗蜜种子的发芽率达 97%，而干苞波罗蜜种子则为 88%；干苞波罗蜜种子的发芽平均只需 8 d，比湿苞波罗蜜少 3 d；播种半年后，湿苞波罗蜜幼苗的生长健壮程度优于干苞波罗蜜，前者株高和根茎长分别为 79.2 cm 和 0.98 cm，而后者分别为 72.7 cm 和 0.88 cm。

在利用波罗蜜种子育苗时，须从发育良好、无畸形的波罗蜜成熟果实中采集种子。新鲜波罗蜜种子的含水量在 60% 左右，与许多热带果树种子一样，波罗蜜种子对脱水非常敏感，采集后应尽快洗净催芽。波罗蜜常采用沙藏法催芽。将洗净后的波罗蜜种子平铺在沙床上，其上覆盖 1~2 cm 的细河沙，通过淋水保持湿润；也可在其上部再覆盖 1 层稻草保湿。1 周后种子即可萌芽，但贮藏后的种子可能需要更长的发芽时间(有时需要 4~6 周)。

由于波罗蜜主根发达，侧根较少，直播育苗会降低移栽成活率。最好采用营养袋(钵)育苗。营养土可用牛粪和表土按 3∶7 的比例混合堆沤，也可用土壤表土与腐熟有机肥按 2∶1 的比例混合配制，或参考其他的育苗营养土配制方法配方。在育苗容器内装好营养土后，将经催芽后露出胚根的种子水平播种于育苗容器内，覆土 2~3 cm，盖草、淋水保湿。

种子萌发后，须每天淋水保持土壤湿润。种子萌发展叶后，可每隔 10~15 d 淋施 1 次薄粪水或 1% 的尿素溶液。

二、嫁接苗培育

(一)砧木选择

波罗蜜嫁接苗可采用本砧，也可使用小波罗蜜作砧木。使用波罗蜜本砧

时，干苞、湿苞类型均可，也有人认为湿苞类型粗生快长，更适宜用作砧木。砧木径粗1～2 cm时，即可嫁接。

(二)接穗采集

从生长健壮、品质优良、正在开花结果的植株上采集接穗。选择树冠外围健壮生长的、1年生以上充分老熟的枝条，去叶后插水或用湿毛巾保湿。接穗最好是随采随接，需要储存或运输时，应保湿和维持较低温度。

(三)嫁接方法

嵌芽接、镶合腹接、劈接和靠接都可用于波罗蜜嫁接。我国现行的波罗蜜嫁接多为补片腹接和多芽切接。

1. 补片芽接

补片芽接法是陈广全等（2006）经过反复试验后总结出的波罗蜜嫁接方法（图1-19）。嫁接时期以3～6月（春接）和8～11月（秋接）较好。

图1-19　波罗蜜补片芽接(李映志 摄)

嫁接前7～10 d对砧木进行施肥，每公顷撒施150 kg尿素或复合肥，可以提高嫁接成活率。嫁接前5 d，苗圃地灌水1次。

选择嫁接部位茎粗1～2 cm的砧木进行嫁接。

选择充分老熟、已木质化的枝条作为接穗。

选择晴朗天气进行嫁接。在砧木平直光滑的一面纵切两刀，下部平行，

上部交叉，深达木质部，形成宽 0.8 cm、长 1.5～3.0 cm 的舌形嫁接切口，切去上部 2/3 的树皮，用干净毛巾抹去流出的胶液。在接穗上选择芽眼饱满的腋芽，取不带木质部的长约 2 cm、宽约 0.6 cm 的芽片，将芽片与嫁接切口贴合后(芽片两边略留有一小空隙)，用薄膜带绑扎。

钟声等(2005)提出了与此类似的波罗蜜补片芽接方法。使用该方法嫁接，秋接成活率一般可高达 90% 以上，春接成活率一般在 50%～60%。

2. 切接

切接法(图 1-20)的嫁接时期也以 3～6 月(春接)和 8～11 月(秋接)为好。

接穗选用半年生木栓化或半木栓化枝条，将其剪成长约 5 cm 的枝段作为接穗。选 30～60 cm 高的砧木，按常规切接法进行嫁接。

图 1-20　波罗蜜切接(李映志 摄)

3. 籽苗芽接

赵志昆等(2011)总结了波罗蜜籽苗芽接法。

选择 1～3 叶期的籽苗作砧木，接穗选用当年生的新梢绿色芽片。

嫁接方法采用补片芽接法。将砧木苗取出，放入装有 1～1.5 cm 深清水的容器中待用，这样可以避免小苗在嫁接前脱水。接穗选择长势旺盛、无病虫害、芽眼饱满的当年生新梢，取枝条上自顶向基的 4～5 个芽。

砧木削成宽为茎周 1/2、长约 2 cm、下部平行、顶端交叉的舌形切口，去除 2/3 的砧木皮。接穗削成宽略小于芽接口、长约 1.5 cm 的不带木质部

芽。将削好的芽与砧木切口贴合后，用保鲜膜绑扎。

将嫁接好的苗木假植在有60％遮阴度、塑料薄膜覆盖的沙床上。15 d后解绑。将成活的苗摘除幼嫩茎尖后，移栽到营养袋中，适当遮阴，加强肥水管理，促进芽片萌发。

(四)嫁接后的苗木管理

嫁接后至接穗抽芽期间，视苗圃地的干旱情况，适当淋水1～2次，保持土壤湿润。接穗抽芽后，及时检查成活率，必要时补接未成活的植株。已成活植株要及时进行解膜和断砧。接穗一次梢老熟后，每隔15 d施1次花生麸、鸡粪和磷肥沤制的水肥。待苗木抽出二次梢老熟后即可出圃。

三、营养苗繁殖

选择果实品质优良、产量高、结果稳定、生长势健壮、抗逆性状突出的结果母株进行营养苗繁殖。

1. 高空压条

波罗蜜可采用高空压条(图1-21)育苗，但使用较少。印度则较普遍应用生长调节剂辅助下的高空压条育苗。

波罗蜜高空压条育苗常在2～4月或采果后的7～8月进行。

选择1.5～2 cm粗的枝条，环剥后用0.25％～0.5％的吲哚丁酸处理，以保湿、透气的生根基质包扎。生发二、三次根后，可锯离母树假植。高空压条前进行黄化处理可促进生根，NAA(0.1％～0.5％)等其他植物生长调节剂也能促进波罗蜜高空压条苗生根。黄化处理后再进行IBA(0.1％～0.5％)处理，生根效果优于单独处理。

图1-21　波罗蜜高空压条(李映志 摄)

2. 嫩枝扦插

波罗蜜也可采用弥雾条件下的嫩枝扦插法育苗。

选取半木质化的波罗蜜枝条，带 1 片叶或 2～3 片半叶，用吲哚丁酸处理后在弥雾条件下扦插在保湿、透气的插床上。可每隔 3 d 叶面喷施 1 次有机营养液。

陆玉英等(2010)将波罗蜜 1 年生嫩枝剪成段，叶芽上端留 0.6～0.8 cm，下端留 3～4 cm，每段插穗带 1 片完整叶片，经 200 mg/L 的 IBA＋NAA＋动物骨灰浸出液(50 g/1L)处理后扦插。第 3 d 开始叶面喷施 250 倍液有机营养液(宇花灵，主要成分是废蜜糖、核苷酸、生物菌等)，每隔 3 d 喷 1 次。扦插床用无滴膜覆盖，5～9 月加盖遮阴网，每天喷水 20～30 次，每次喷 10～60 s。用河沙、木糠、泥土、蔗渣、有机肥配制扦插基质。扦插后 10 d 开始长出愈伤组织，25 d 开始生根，60 d 新梢萌动。发根率最高可达 93％，发根数最高可达 17.88 条/株，成活率最高可达 85％。

3. 出苗后的管理

高空压条繁殖苗锯离母树后，需进行必要的假植。假植后长二、三次新梢后，移至较大的育苗容器内培育。扦插苗在插床上生根成活后，移至育苗容器内培育。

四、组织培养

多位学者对波罗蜜的组织培养技术进行了研究，但波罗蜜组培苗尚未产业化应用。带芽嫩茎是成功率较高的外植体。6-BA、KT、NAA 和 GA$_3$ 常用于芽的增殖，IBA 和 NAA 常用于生根培养。

国内郑维全等(2006)最早开展了波罗蜜组织培养研究。取带腋芽的波罗蜜嫩茎，流水清洗后用 0.1％～0.15％的升汞灭菌 10 min，再用无菌水冲洗数次。外植体接种在"MS＋2.0 mg/L 的 6-BA＋0.5 mg/L 的 NAA＋0.75 mg/L 的 GA$_3$"培养基上，培养温度(25±2)℃，光照强度 1 000～2 000 lx，光照时间 12 h，芽萌发的诱导率达 89％，增殖系数为 3.9～4.4。"1/2 MS＋1.0 mg/L 的 NAA＋1.0 mg/L 的 IBA"培养基可促进波罗蜜不定芽的生根，生根率达 95％。

五、苗木出圃

1. 起苗

波罗蜜裸根移植成活率低，苗木出圃时需带土。使用容器育苗的，直接起苗；直播育苗的，需使用起苗工具带土起苗；大树移栽时，可先在植株周围挖沟断根，待植株适应后再整株起苗。起苗前1周须进行苗圃灌溉，以保证起苗时的土球完整。

2. 苗木分级、假植

出圃后，苗木按大小进行分级。对出圃苗木的要求：营养袋完好，根球完整不松散，土团直径在12 cm以上，土团高在20 cm以上；植株主干直立，生长健壮，叶色浓绿，根系发达，无病虫及机械损伤，苗高在50 cm以上，主干粗在0.5 cm以上。嫁接苗需2次梢老熟后出圃。大苗有利于定植后快速成园。大树移栽、高空压条苗锯离母树后须进行假植。

3. 苗木包装、运输

长途运输时，须对容器育苗、带土移栽苗的土球进行必要的包扎，以防止运输途中根球散开而影响定植成活率。运输期间要保持较低的温度，进行必要的遮阴等。

4. 苗木检疫

不同检疫区进行苗木运输时，须进行病虫害的检疫，避免检疫性病虫害的传播。

第四节　波罗蜜的环境适应性

波罗蜜能很好地适应温暖的低海拔热带气候，在潮湿的亚热带气候条件下也生长良好。相比同属其他种，如面包果，波罗蜜更能适应较干燥和冷凉的气候。波罗蜜在南、北纬25°~30°范围内都能获得很好的产量（Soepadmo，1992）。在印度，海拔1 330 m以上地区的波罗蜜植株生长差，即使挂果，果实品质也很差；低海拔地区（海拔152~213 m）的波罗蜜果实品质较好（Crane等，2003）。

一、土壤

波罗蜜耐贫瘠，对土壤的选择不太苛刻，在多种土壤中均可种植，以土层深厚、疏松肥沃、排水良好的土壤最为适宜，有时在含有碎石的土壤或红土土壤中也能良好生长。

波罗蜜最适的土壤pH值为5.0~7.5，对浅层土、轻盐碱土和贫瘠土壤，以及高pH值的石灰质土壤、砾石土壤和黏壤土均有一定的耐受能力。对盐碱土壤的耐受性较差。

二、温度

波罗蜜幼苗生长的适宜温度是 30℃。随着温度的降低，生长量明显下降，10℃时幼苗停止生长；温度升高至 40℃时，幼苗生长量下降。幼苗地上部对低温的反应比地下部敏感，20℃时地上部生长量远远低于 40℃时的生长量，而地下部在 20℃时的生长量与 40℃时的生长量接近（王俊美等，1990）。

从我国波罗蜜现有分布情况来看，波罗蜜在年平均气温＞22℃、最冷月平均气温＞13℃、绝对最低温＞0℃的地区能正常开花结果。波罗蜜幼株抗寒性差，−1～0℃时叶、枝条、根部受冷害，−3～−2℃时树体可被冻伤。成龄结果树短期可耐受−3.89～3.33℃的低温，−6.67℃时植株会在短时间内死亡；气温降至 5℃以下并有凝霜时，部分树体的嫩梢、花序受冷害，叶片枯黄（周淑荣等，2012）；枝梢的耐寒性强于雌花序，雄花序的耐寒性最差（李宗锴等，2019）。

波罗蜜不同品种之间的耐寒性存在差异。我国本地选育的波罗蜜品种具有较强的耐寒性，马来西亚品种耐寒性较差。在雷州半岛，波罗蜜大树在 7℃时花、果会受冷害；在美国佛罗里达州，成年波罗蜜植株能在−3℃的低温下存活；在云南河口，本地选育的红选 5 号耐寒性最强，其次是马来西亚 1 号、越南红肉和马来西亚 5 号（李宗锴等，2019）。

在温度较低或海拔较高的地区，波罗蜜的生长较慢，果实发育期较长。

三、湿度

我国波罗蜜适生区的年降雨量大多在 1 200 mm 以上。

波罗蜜为乔木树种，主根发达，根系较深，对干旱具有较强的耐受能力。但在干旱时灌水，特别是花期和果实发育期，能够促使树体健康生长和获得较高的产量。

波罗蜜植株不耐积水和长期湿润，根系积水过多会导致植株生长较差甚至死亡。

低温加阴天浓雾会影响授粉受精，导致落花落果，影响果实产量。

四、光照

波罗蜜喜阳光充足，充分的光照有利于光合作用、枝梢生长及开花结果。花期遇低温阴雨时，会妨碍授粉受精，还会加剧病害的发生，导致花和幼果腐烂、脱落。

海南及广东现有波罗蜜产区的年日照时数都在 1 920～2 400 h。

五、风

波罗蜜植株高大，但枝条较脆，容易受到大风的危害，因而不宜种植在风口或风害发生严重的地区。微风或中风有利于植株的光合作用及授粉受精等生理和生长发育过程。

波罗蜜根系较深，在遭受大风之后，虽枝干受损，但容易萌发新的枝条。

第五节　波罗蜜优质、丰产、高效栽培技术

近年来，随着波罗蜜优良品种的推广和普及，先后出现了波罗蜜集中连片种植的规模化生产基地，亟需配套优质、丰产、高效的栽培技术。

一、园地的选择

波罗蜜喜高温怕寒霜，喜阳光充足，应选择朝南向阳、冷空气不积聚的山坡地或平地，在土层深厚、肥沃疏松和排水良好的地块建园。

二、园地的规划设计

波罗蜜园需规划便利的工作道路、畅通的排灌设施，需利用工作便道将大型平地波罗蜜园分隔成不同的小区。风速较大的地区要规划防风林。丘陵地建园时，要考虑水土保护问题，规划防洪沟、水源林和蓄水池。根据园地的大小和生产规模，应规划建设相应的仓库、工作房以及采后处理、包装等相关场地和建筑。

三、整地和改土

平地或在坡度在5°以下的地块可使用机耕深翻1次再平整土地。丘陵地须按等高线建成梯田或种植行。在土质瘦瘠的园地建园时，最好进行改土、增施有机肥。

四、栽植

1. 种植模式

波罗蜜植株高大，常采用株距5～6 m、行距6～7 m的模式进行长方形定植，种植密度为225～330 株/hm²。也有采用8m×8m的正方形定植，种植密度150 株/hm²。株形较矮的品种可采取 4m×4m 或 4m×5m 的模式。国外也有人采用三角形定植，株、行距均为 10～12 m。

图 1-22　波罗蜜种植园(李映志 摄)

2. 配置授粉树

波罗蜜为异花授粉植物，种植时最好配置授粉树。在花期一致、开花稳定、花量大的前提下，尽量选择果实品质较佳的品种作为授粉树。授粉树的配置方式可以是行列式或中心式，这主要取决于授粉树的经济价值。

3. 栽植方法

波罗蜜一般在春、秋季定植，管理水平高的园地可以周年定植。

种植前先挖长、宽、深各为 0.8～1.0 m 的穴，将表土和底土分开堆放。穴挖好后放置 1 个月左右任其风化，在种植前 1～2 个月回土并增施有机肥。回土时，表土置于最下层，然后放入混合后的杂草、枝叶和石灰共 0.5 kg，再放一层土后施入塘泥、禽畜粪共 50 kg 和磷肥 0.5 kg，最后盖土使土丘高出地面 20～30 cm 即可。也可在施肥时掺入菌肥，可以提高植株的成活率和抗逆能力。施入的有机肥也可以是土杂肥、花生麸等。回完土后，灌水以使有机肥充分腐熟，经 15～20 d 左右，土丘下沉后开始定植。

因波罗蜜根系较为脆弱，要小心保护苗木的根系，尽量少伤根。定植时，解开包扎物或营养袋，将苗放入定植穴中，用敲碎后的细土回土，深度在根颈位置，压实后，整理成小树盘便于浇水。定植后要竖支柱进行保护。叶片较多或蒸腾旺盛时，可剪去 2/3 的叶片，减去带叶枝，以减少水分损失。

4. 栽后管理

定植后须浇定根水。如无降水，定植后的 1～2 个月须每周灌水 2～3 次。待苗木长出新芽并转绿后，可减少灌水次数，根据土壤湿润程度适时灌水。夏季定植时，可进行适当的遮阴，并在树盘盖草保湿。竖支柱保护小苗，必要时用竹篱围护，以防牲畜践踏和咬食嫩芽叶片。

五、土壤管理

1. 扩穴

波罗蜜生长 2 年后，要进行扩穴改土。在原定植穴外围，逐年开环沟或在四周开直线沟，分层施肥，疏松土壤。沟深 60 cm、宽 30 cm，在沟底施入绿肥、植物残体、土杂肥，在上层施入禽畜肥、花生麸、优质塘泥等肥料，也可施入火烧土、腐熟垃圾肥等。

2. 间作

波罗蜜幼株喜阴。有条件时，尽量在幼龄波罗蜜园间种短期作物或短期果树。

林庆光等(2019)在海南琼海市长坡镇试验了波罗蜜园间种胡椒。这种间种模式利用了波罗蜜抗风性好、根系深和遮阴度低的特点，为间作的胡椒提供静风、保水、保肥和阳光充足的环境，避免了胡椒的老化，减少了胡椒病害的发生。菠萝也适宜与波罗蜜间作(图 1-23)。

图 1-23　波罗蜜与菠萝间作(李映志 摄)

3. 土壤管理

幼龄波罗蜜园未封行时须定期进行中耕除草或种植绿肥。未间作的果园可进行生草栽培。

雨量较为丰富的地区或季节，或山地果园，可用稻草或其他杂草覆盖树盘，草厚3～5 cm。水土流失明显的地区，可每年用沤制腐熟的垃圾肥、塘泥、火烧土或其他土杂肥等覆盖树冠下的表土及裸露的根群。

每年冬季须进行清园。将波罗蜜园内的杂草连同枯枝、落叶、落果一起清除干净，剪除树冠内部处于遮光状态的各类纤弱枝，以及树冠外部的纤弱枝、病虫枝、干枯枝、重叠枝、过密枝等，再集中进行深埋或焚烧，或制成植物秸秆肥，以减少树体养分的无效消耗，消灭病虫的滋生场所，减轻病虫为害。

六、施肥

虽然波罗蜜耐贫瘠，但施肥后可以促进植株生长，提高果实的产量和品质。幼树施肥可以促进枝梢生长、迅速形成树冠，可以促其早日开花结果。结果树施肥可以补充花果消耗，促进树势恢复，提高果实的产量和品质。

在2～3月施基肥，以农家肥、花生麸、豆粕等为主，配合适量的化肥。每株可施用堆沤好的"10 kg 鸡粪＋1.5 kg 花生麸＋1 kg 磷肥"的混合肥料，或株施20～30 kg 的堆肥加0.5 kg 的过磷酸钙。每株对开穴或对开行施入，每年更换施肥位置。

幼树的管理目标是促进枝梢生长，迅速形成树冠。在施肥上可追肥多次。刚定植的波罗蜜苗成活后，在第一次新梢老熟、抽发二次新梢时开始施肥，可施入1：(20～40)腐熟粪水或0.4％～0.6％的三元复合肥(15：15：15)，每月2～3次，以水肥为主。定植1年后，除2～3月穴施1次基肥外，可在每次新梢抽梢前追肥1次或每月追肥1次，1年生树株施尿素50～70 g 或三元复合肥100 g 或淋施花生麸＋人畜粪沤制好的肥水。2年生树株施尿素100 g 和复合肥130 g。随着树龄增长，逐年加大施肥量。追肥可穴施或溶水后淋施。

结果树的施肥以有机肥为主，配合施氮、磷、钾无机肥。一般分3次施入，即花前肥、壮果肥和采果后肥。花前肥在初春发芽、抽花序前施入，以速效肥为主，目的是促进新梢生长和花序发育，一般株施尿素、氯化钾共0.5 kg或氮磷钾复合肥1～1.5 kg，同时可加少量腐熟有机肥。壮果肥于果实迅速膨大期施入，目的是促进果实发育，一般株施尿素0.5 kg、氯化钾1～1.5 kg、硫酸钙0.5 kg、饼肥2～3 kg。采果后肥以有机肥为主，配施少量化肥，目的是恢复树势，促进花芽分化，一般株施有机肥 25～30 kg 或腐熟的鸡粪 10 kg 或花生麸 2.0～2.5 kg 或饼肥 2～3 kg、三元复合肥 1～1.5 kg、磷肥 1.0 kg。无机肥可溶水后以水肥施入，或穴施后灌水。无机肥和有机肥也可采用在树冠滴水线开沟的方式施入，沟宽、深均为 15 cm、长 100～200 cm，施后盖土。

我国各地总结出的波罗蜜施肥时期和侧重点有所差异。茂名将施肥重点放在冬季开花前；海南将施肥重点放在采果后；云南仅施肥 2 次，即冬季开花前施基肥，采果后施追肥。

七、水分管理

波罗蜜植株较耐旱，在有一定降水的情况下不进行灌溉也可获得产量，但要高产、稳产，须定期进行灌溉。灌溉的时期主要有花前、果实发育期和采果后。花前灌溉是为了促进春梢萌发和开花；果实发育期灌溉是为了保证果实的正常生长和发育，避免水、旱交替导致果实裂果；采果后灌溉是为了促进树势恢复和新梢生长，为花芽分化和来年结果积累养分。

可采用沟灌或树盘灌溉。花期应避免高位喷灌。视降雨情况，灌溉时期和灌水量以维持土壤湿润为原则。

波罗蜜植株不耐积水，雨季要及时排水，防止积水烂根。

滴灌是经济省水的先进灌溉方式。由于波罗蜜株行距大，滴灌时可采用压力补偿式滴头多头滴灌，或采用毛细管滴灌。滴灌可结合施肥，实行水肥管理一体化。

八、花果管理

花果管理是指为保证花果正常生长发育，以获得最佳经济效益而采取的花果和树体管理技术和环境调控措施，是现代果树栽培实践中的重要内容。花果管理的主要目标是维持最佳经济效益的树体果实产量，其措施须综合权衡果实大小、果实品质、产量、大小年等诸多因素。

1. 促花、保果

为了促进波罗蜜的花芽分化，提高来年的果实坐果量，我国传统上有用刀砍波罗蜜树干的做法。当波罗蜜植株定植后多年不结果或因营养生长过旺而难以成花时，可在花芽分化前的 11 月上、中旬，在树干、主枝上每隔 30 cm 左右用刀做鱼鳞状环割(图 1-24)或刻伤，促使上部的养分积累，使其抽发结果枝开花结果(余鸿秀，2008)。但也有研究表明，环割仅在第 1 年具有增加结实的效果，第2年产量会下降。

图1-24　波罗蜜环割(李映志 摄)

在波罗蜜开花期进行适当的人工授粉和喷硼处理，可以提高坐果率，降低畸形果的发生率。

开花前和谢花后及时进行病虫害综合防治，可以降低因病虫害导致的落果。在波罗蜜幼果期每隔10～15 d喷施1次杀虫剂＋叶面肥，可以防虫、促进果实膨大。果实基本定型后，每隔20～25 d喷1次杀虫剂、杀菌剂防治病虫害(程建勤，2011)。民间常用在两个果实相接触或果实与树干相接触的地方垫瓦片的方法来避免虫蛀。

2. 疏果

若开花季节波罗蜜植株挂满幼果(图1-25)，为确保果实均匀发育、果形美观，必须进行疏花疏果。某些品种，如红包波罗蜜和四季蜜甜波罗蜜，14个月即可结果，但过早结果会削弱树势，降低植株经济寿命，果实也会变小，此时也需进行疏果。定植2年后才能让其正常挂果。

一般采用人工方法疏果。疏果的原则是去除病虫果、小果、过密果及畸形果，保留果形端正、果实较大、着生在粗大枝条上的果。投产后第1年每株留果2个，第2年每株留果4个，第3年每株留果6～7个，第4年每株留果8～10个，第5年每株留果12～15个，第6年每株留果15～20个，第7年以后留果 20～30 个。一般 1 个结果枝留果 1～2 个（王万方，2003）。留果数量也可按照每米树冠留果 3～4 个为标准（钟声等，2009）。

图 1-25　待疏果的波罗蜜植株（李映志 摄）

3. 果实套袋

雌花序谢花结束后，可对果实进行套袋（图 1-26）。套袋可防止农药残留，也可避免果实在生长发育阶段害虫为害。可使用纸袋、蓝色塑料袋或发泡网袋进行套袋。

图 1-26　波罗蜜果实套袋（李映志 摄）

九、整形修剪

波罗蜜以主干和大型主枝结果为主，所以整形和修剪较为简单。波罗蜜树形多采用自然圆头形或开心形。在自然生长情况下，波罗蜜非常容易形成自然圆头形树形，因此，一般情况下不用人工修剪整形。集约管理条件下，为控制树高、便于管理，需要进行整形修剪。

国内波罗蜜多采用自然圆头形(图 1-27)。泰国则采用由 4 个大主枝构成的开心形树形。菲律宾一般在定植后第 2 年开始修剪，去除主干顶端，定干高度 2～3 m。

波罗蜜的修剪主要分为幼树的整形修剪和结果树的修剪。幼树修剪的目的是整形，一年四季均可进行。结果树的修剪主要包括采果后的修剪和冬季修剪，主要目的是控制树体大小、去除寄生性枝、促进花芽分化。

图 1-27　整形后的波罗蜜树形(李映志 摄)

1. 幼树修剪

波罗蜜幼树整形修剪以短截和疏剪为主，主要用于促进产生分枝和去除不需要的枝条。也可采用摘心、剪枝、拉枝、吊枝和撑枝等方法控制枝条的生长势和生长角度。

波罗蜜定植第 1 年一般不需要修剪，任其生长，定植第 2 年后开始修剪。幼树修剪的首要工作是定干，定干高度视品种而不同，一般主干高度为 1～3 m。定干的具体做法是：待植株长至 1.5～2 m 时，摘心或短截，促其分枝。从抽生的芽中，选择分布均匀的 3～6 个健壮枝条，最低的 1 个枝条距地面 1 m 左右，其余枝条全部疏除，形成一级主枝。一级主枝长至 1.5～2.0 m 时再进行摘心，培养 3～4 条二级主枝。

2. 结果树修剪

波罗蜜结果树的修剪以疏剪为主，主要是去除不需要的枝条。为促进波罗蜜花芽分化，在树干上也会采用环割的方法。

波罗蜜结果树的修剪一般每年进行 2 次。采果后进行一次修剪，主要是剪去病虫枝、过密枝、弱细枝、枯枝、徒长枝以及结果后留在植株上的结果枝、雄花枝、中途落果的枝条等，在使树冠通风透光的同时，可促进双季型波罗蜜品种的第 2 季开花结果。除了采果后修剪，波罗蜜结果树还需要进行冬季修剪。冬季修剪一般在 2 月开始，主要是剪去交叉枝、过密枝、弯细枝、弱枝、虫枝等，以改善主干的通风透光条件，促进春季开花结果。

十、病虫害防控

波罗蜜的病虫害一般较少，尚未有发生大规模病虫为害的报道。据吴刚等(2013)调查，在海南西联、东升、南海等国有农场及文昌、万宁、琼海等波罗蜜产区的主要害虫有榕八星天牛、桑肩粒天牛、黄翅绢野螟、素背肘隆蟊等，主要病害有炭疽病、蒂腐病、花果软腐病、红粉病、酸腐病、叶斑病等。其他地区报道的波罗蜜虫、病种类主要有天牛、金龟子、刺蛾、蚜虫、介壳虫及叶斑病、煤烟病、花果软腐病等。

(一)主要害虫

有很多钻心虫会为害波罗蜜枝条，如天牛(Longhorned Beetle，*Elaphidion mucronatum*；Longhorned Beetle，*Nyssodrysina haldemani*)、粒肩天牛/桑天牛(*Apriona germarri*)、南方坡翅天牛(*Pterolophia discalis*)、亚洲长角天牛/桑小枝天牛(*Xenolea asiatica*)和五星白天牛(*Olenecamptus bilobus*)、榕八星天牛[*Batocera rubus* (Linnaeus)]等。各种介壳虫，如突叶并盾蚧(lesser snow scale，*Pinnaspis strachani*)、椰圆盾蚧(coconut scale，*Aspidiotus destructor*)、杧果盾蚧(mango shield scale，*Protopulvinaria mangiferae*)、梨形蚧(pyriform scale，*Protopulvinaria pyrifomis*)、吹绵介壳虫(*Icerya purchasi* Maskell)，以及粉蚧等，都有可能为害茎和果实。榕透翅毒蛾(*Perina nuda*)、螟蛾(*Diaphania bivitralis*)、黄翅绢野螟(*Diaphania caesalis*)及蚜虫(Alphids)[如茶蚜(*Toxoptera aurantii*)]，以及蓟马(Thrips)[如桑蓟马(Pseudodendrothrips)]等的为害较轻。

其他的主要害虫有蛀茎果害虫，如褐色芽象鼻虫(Brown bud-weevil)、刺蛾、金龟子等。

据谭乐和等(2006)调查，在海南兴隆地区，主要害虫有桑天牛(*Apriona*

germari Hope)、*Pterolophia discalis* Gressitt、桑枝小天牛(*Xenolea tomen-losa* asiatica Pic)、六星粉天牛[*Olenecamptus bilobus* (Fabricius)]，以及蚜虫等，天牛类为害最大，常常造成大树空洞、流胶，甚至腐烂死亡；刺蛾主要为害果实，常常造成果实腐烂变质。

榕八星天牛的幼虫蛀害波罗蜜树干、枝条，使其干枯，严重时使植株死亡；成虫为害叶及嫩枝。生产上的防治方法是，一旦发现其为害立即刮皮处理，若幼虫已蛀入木质部，可用沾有80％的敌敌畏或25％的敌杀死原液的小棉球堵塞最上方的排泄孔。

对于天牛，可以捕杀成虫、刮除虫卵，农药熏杀毒杀幼虫或铁丝刺杀；对金龟子、刺蛾、蚜虫，在新梢期喷杀即可；若介壳虫为害严重，发生期可用松脂合剂或虫螨净等药剂防治。

此外，在我国波罗蜜产区还观察到一些新型害虫。

1. 绿龥(学名待定)

本害虫由王缉健(1996)报道。

(1)识别。体绿色，大型。前胸背板无龙骨状突起；复眼红褐色；触角白玉色，间黄褐色段斑；前胸背板前缘边线浅绿色；前翅翅脉深绿色，臀域部位稍透明；后翅呈三角形，透明，肩角及翅脉浅绿白色；各足内侧，后足股节端半、胫、跗节淡肉红色，前足股节暗绿色，中足、后足股节浅绿色，后足有黑褐色小齿各2行。体长44～61 mm，头宽5.2～6.9 mm，触角长185～195 mm，前翅长72～78 mm，后足股节长20.7～24 mm。

(2)发生规律。波罗蜜产区几乎都有分布，受害株率局部地区达100％，但每年受害程度不一。每年发生1代，4月下旬或5月初，当波罗蜜梢叶萌动、盛发时，出现若虫并为害叶片，1、2龄若虫取食叶片叶肉，留下网状叶脉；3、4龄取食叶片，留下较粗叶片侧脉与主脉；大龄若虫及成虫取食全叶，严重时将全树大部分叶片吃光，剩下光秃秃大小枝干，影响植株的光合作用，减缓果实生长发育与成熟。若虫、成虫都分散为害，遍布全树冠。白天都栖息于叶片背面，紧贴叶中主脉，入夜后便进行取食，成虫每晚可吃去1张巴掌肚大小的叶片。晚上成、若虫都可以发出"嗯、嗯、嗯"的响声。

(3)防治措施。可喷洒2.5％的敌杀死5 000倍液或敌百虫800倍液，大树可喷1：200的2.5％的敌杀死油剂＋滑石粉配成的杀虫粉剂。可以在晚上用手电筒照射正在为害的若、成虫，此时它的触角不停地晃动，比较容易被发现；白天则应先查看受害叶片最严重的四周，然后搜索完好叶片的背面，发现该虫后用竹竿击落捕杀。

2. 榕八星天牛

本害虫由王缉健(1996)报道。

(1)识别。榕八星天牛体长30~46 mm，体宽10.2~15.5 mm。体绛色，头、前胸及前足股节色较深。全体被绒毛，背面的较细疏，灰色；腹面的较长而密，棕灰色，两侧各有1条白色阔纵纹。前胸背板有1对橘红色月牙状斑，小盾片密生白毛；每一鞘翅上各有4个白色圆斑，第4个最小，第2个最大，并较靠近中缝。雄虫触角超出体长2/3，其内沿具细刺，从第3节起各节末端略膨大，内侧突出，以第10节突出最长，呈三角形刺状；雌虫触角较体略长，具较细而疏的刺，除柄节外各节末端不显著膨大。前胸侧刺突粗壮，尖端略向后弯。鞘翅肩部具短刺，基部瘤粒区域在肩内占翅长的约1/4，在肩下及肩外占翅长的1/3，翅末端平截，外端角略尖，内端角呈刺状。

图1-28　榕八星天牛(李映志　摄)

(2)发生规律。文献记载此虫为害榕属、杧果、木棉、美洲胶、重阳木等，分布于我国华南及越南等地。现在广西博白发现其为害波罗蜜果实。在成虫期为补充营养而取食果实的表皮，咬痕深达肉质体或直到瘦果外缘，可为害一果多处，也能转移为害多个果，其为害不分日夜，想吃即吃。经该虫取食后的伤口，肉质体外露，少数可形成伤痂愈合，多数经雨水、空气中的病菌侵染，形成溃烂口，并逐渐向果内侵入，造成大小不一的坏死伤口，影响果实外观、质量及产量。

(3)防治措施。主要靠人工捕杀控制该虫为害。应在中果期间，注意查看有无天牛咬食果实。其为害时间多固定，可用捕虫网或竹竿上扎一把扫帚将其打落，要争取一次成功，因其受惊动后会飞翔逃走。为保证波罗蜜果实的食用安全，一般不使用化学药剂喷杀。

3. 黄翅绢野螟

本害虫由简日明(2005)报道。

(1)识别。成虫体长约1.5 cm，虹吸式口器，复眼突出、红褐色，触角丝状，胸部有 2 条黑色横纹。前翅三角形，有 2 个"瓜子"形黄斑，斑的周围有黑色的曲线纹，黄斑顶部有 1 个槽形黄色斑纹，在翅的近肩角处有 2 条黑色条纹，近顶角处有 1 个塔状的黄斑；后翅有 2 块楔形黄斑，顶角区为黑色。足细长，前足的腿节和转节为黑色，中、后足长均为 1.2 cm 左右，中足胫节有 2 条刺，后足也有 2 条刺，腹部节间有黑色鳞片，第 1、第 2、第 3 节均有 1 个浅黄色的斑点，腹部末端尖削且有黑色的鳞片。卵椭圆形，扁平，表面有网状纹。老熟幼虫体长约 1.8 cm，柔软，头部坚硬呈黄褐色，唇基三角形，额很狭，呈"人"字形，胸和腹的背面有 2 排大黑点，黑点上长毛。前胸盾为黄褐色，胸足基节有附毛片，腹足趾钩二序排列成缺环状，臀板黑褐色。蛹长 1.6 cm 左右，幼虫化蛹开始为浅褐色，后变为黑褐色，表面光滑，翅芽长至第 4 腹节后缘，腹部末端生有钩刺，足长至第 5 腹节。

（2）发生规律。以幼虫为害，主要为害果实。为害幼果时一开始嚼食果皮，然后逐渐深入食到种子，取食的孔道外围有粪便堆聚封住孔口，孔道内也有粪便，还常常引起果蝇的幼虫进入取食果肉，使果实受害部分变褐腐烂，严重时导致果实脱落，造成减产；为害嫩果柄时则从果蒂进入，然后逐渐向上，将粪便排在孔内外，引起果柄局部枯死，影响果品质量；为害新梢时，取食嫩叶和生长点，排出粪便，并吐丝把受害叶和生长点包住，影响植株生长。

波罗蜜黄翅绢野螟在海南世代重叠，无明显的越冬现象。成虫白天隐蔽在草丛和作物内，夜间活跃，受惊后可作短距离飞移，具有趋光性。幼虫为害新梢，将叶子卷住，化蛹在阴蔽处、泥土里、果柄食后的道孔里、果实与树枝接触处。化蛹时吐丝将粪便或干的叶子等做成茧，藏在茧内。取食果实时一般 1 条幼虫蛀食 1 条孔道。

（3）防治措施。应采取综合防治措施防治波罗蜜黄翅绢野螟。在农药的选择上，少用杀伤力太强的农药，以保护天敌；1 种农药 1 年内连续使用 3 次就要轮换，开始要使用低浓度，药效不够时再提高浓度，以避免产生抗药性。施药时间应选择在晴天的上午和下午，应避免大风。具体方法是：①进行田间检查，幼虫蛀果取食初期，拨开虫粪，用木棍沿着孔道将其杀死，可降低虫口基数。②摘下被害严重的果实和收集落地的果实，集中倒进土坑中，再倒上速灭杀丁水液，然后回厚土，以降低下一代的虫口密度。③喷药防治，7 d 左右喷 1 次，连喷 2～3 次。用 90% 的敌百虫晶体 800～1 200 倍液或杀螟杆菌脱水 1 000 倍液等药剂。

4. 素背肘隆螽（*Onomarchus uninotatus*）

本害虫由孙世伟等（2013）报道。

以成虫、若虫取食波罗蜜叶片、嫩梢、嫩果。低龄若虫取食叶肉，留下叶脉，高龄若虫及成虫取食全叶。虫害发生严重时可将全株大部分叶片吃光。成虫可在枝条木质部产卵，影响枝条输运养分和水分的能力，后期会导致枝条干枯，使其受风易折断。

(1)识别。成虫体浅绿色至绿色，触角黄褐相间；前胸背板白色；复眼卵圆形、突出，红褐色。触角丝状，约为体长的2～3倍。前胸背板马鞍状，后缘向后延伸成桃心形。前翅略短于后翅，肘脉明显隆起。雄性尾须牛角形，抱握器叶状；雌性产卵器短剑状；产卵瓣稍向上弯，基部黄褐色，边缘及端部棕黑色并具横隆褶，边缘锯齿状。

(2)发生规律。在海南每年发生2代，主要以若虫越冬，部分成虫在冬季也可存活。越冬代若虫于翌年2月中、下旬开始羽化为成虫，成虫于3月下旬开始交尾产卵。第1代若虫于5月上、中旬～6月下旬孵化，8月中、下旬～10月中旬羽化，9月下旬～10月中旬是成虫的产卵盛期，10月下旬～11月下旬为卵孵化盛期，10月中旬以后成虫陆续死亡。

(3)防治措施。雌虫产卵期和若虫孵化期，选用20％的杀灭菊酯乳油2 500～3 000倍液或2.5％的敌杀死乳油2 500～3 000倍液，重点喷施有卵痕的枝条及叶片背面，有较好的防治效果。

5. 丽绿刺蛾(*Latoia lepida*)

本害虫由孙世伟等(2013)报道。

以幼虫取食叶片，低龄幼虫取食下表皮或叶肉，致叶片呈半透明或枯黄色斑块。大龄幼虫蚕食叶片，将叶片吃成孔洞或缺刻，严重的会把叶片全部吃光。

(1)识别。雌成虫触角基部线状，雄成虫双栉齿状，雌、雄成虫触角上部均为短单栉齿状。头顶、胸背绿色，前翅翠绿色，前缘基部尖刀状斑纹和翅基近平行四边形斑块均为深褐色，后缘毛长，外缘和基部之间为翠绿色。前胸腹面有2块长圆形绿色斑，胸部、腹部及足黄褐色，前足基部有1块绿色圆斑。

(2)发生规律。丽绿刺蛾在海南1年发生2～3代，以老熟幼虫在树干上结茧越冬。次年4月中、下旬越冬幼虫开始变蛹，5月下旬左右成虫羽化、产卵。初孵幼虫不取食；2～3龄有群集为害的习性，幼虫整齐排列于叶背，取食叶片下表皮及叶肉；4龄后逐渐分散。

(3)防治措施。在卵孵化高峰后、幼虫分散前，选用高效低毒药剂进行喷雾防治。第1代幼虫孵化高峰在6月上旬，第2代幼虫孵化高峰在7月中旬以后，用20％的除虫脲悬浮剂10 000倍液、4.5％的高效氯氰菊酯乳油2 000倍液、40％的辛硫磷乳油1 500倍液于低龄幼虫期喷洒，均有较好的防效。

(二)主要病害

波罗蜜易得的一些重要病害有：由鲑色伏革菌[*Pelliculana*(*Corticium*) *salmonicolor*]引起的绯腐病(*Pink disease*)，由波罗蜜根霉(*Rhizopus artocarpi*)引起的茎、果实和雄花序腐烂；由波罗蜜拟茎点霉(*Phomopsis artocarpina*)、炭疽菌(*Colletotrichum lagenarium*)、壳孢属(*Septoria artocarpi*)、盘长孢菌(*Gloeosproium* sp.)、叶点菌属(*Phyllosticta artocarpi*)、炭疽菌属(*Colletotrichum artocarpi*)及其他真菌所引起的叶斑病。在有些地方，波罗蜜还会发生由多毛孢属(*Pestalotia elasticola*)引起的灰疫病(*Gray blight*)，由 *Ustilana zonata* 引起的芽腐病(*Charcoal rot*)，由弧曲座坚壳(*Rosellinia arcuata*)引起的疫腐病(*Collar rot*)、由胶孢炭疽菌(*Colletotrichum gloesporioides*)或软腐细菌(*Pectobacterium carotovorum*)引起的回枯病以及由夏孢锈菌属(*Uredo artocarpi*)引起的锈病。

积水状态下波罗蜜植株易得根腐病，如华丽腐霉(*Pythium splendens*)、疫霉属(*Phytophthora* sp.)、镰刀菌属(*Fusarium* sp.)和丝核菌属(*Rhizoctonia* sp.)等引起的根腐病。

我国已报道引起波罗蜜果实腐烂的病害有 6 种，分别为波罗蜜炭疽病(胶孢炭疽菌，*Collectotrichum*)、波罗蜜蒂腐病(球二孢菌，*Botryodiplodia theobromae* Pat.)、波罗蜜软腐病[葡枝根霉，*Rhizopus stolonifer* (Ehrenb. ex Fr.) Vuill.]、波罗蜜红粉病(粉红单端孢菌，*Trichothecium roseum*)、波罗蜜酸腐病(白地霉，*Geotrichum candidum*)，以及由帚梗柱孢霉(*Cylindrocladium* sp.)引起的波罗蜜果腐病；根部病害有 3 种，分别是红根病、褐根病和根结线虫病(桑利伟等，2011；李增平，2001)。

软腐病的防治方法是：将树上、地上的病花、病果及枯枝落叶全部处理掉，并且在发病初期轮换喷 50%的氯硝胺 500 倍液和 70%的代森锰锌 600 倍液，每 7~10 d 喷 1 次，连续喷 2~3 次。若软腐病严重，可在开花前及结成小果后喷退菌特或波尔多液等防治。

炭疽病的防治方法是：多施钾肥，注意排水，清除病叶，喷洒 1%的波尔多液和 75%的百菌清 500~800 倍液。或者发病初期交替喷 50%的多菌灵 800 倍液和 75%的百菌清 600 倍液，每 7~10 d 喷 1 次，连续喷 2~3 次。

1. 波罗蜜炭疽病

病原菌为半知菌类的炭疽菌属(*Colletotrichum*)的胶孢炭疽菌。在 PDA 培养基上，菌落灰绿色，气生菌丝白色绒毛状，后期产生橘红色的分生孢子堆。分生孢子为椭圆形，单孢无色，大小为 13~17 μm×3.0~4.5 μm。

叶片受害时叶斑可发生于叶面任何位置，苗期叶斑多发生于叶尖、叶缘。

病斑近圆形或不规则，直径 0.5 cm 至数厘米不等，呈褐色至暗褐色坏死，周围有明显的黄晕圈；发病中后期，病斑上生棕褐色小点，有时病斑中央组织易破裂穿孔。

波罗蜜开花后，病菌可潜伏侵染幼果，从而存活于果实内，于果熟期扩展引起果腐，为害较重。受害果实呈现黑褐色圆形斑，其上长出灰白色霉层，引起果腐，导致果肉褐坏。

在海南岛，波罗蜜叶片、果实均有此病发生，分布广泛，发病率很高。全年均可发病，4～5 月尤为严重；波罗蜜各个生长时期均受害，以幼树受害最重，常引起叶片坏死脱落。

2. 花果软腐病

病原菌为接合菌门根霉属（*Rhizopus*）的匍枝根霉。病菌的菌丝发达，有分枝，无隔膜，分布于基物表面和内部，生有匍匐丝与假根；孢囊梗 2～5 根丛生，与假根对生，不分枝，顶端产生球形孢子囊。孢子囊内产生大量球形淡褐色的孢囊孢子。

花序、幼果、成熟果均可受害，受虫伤、机械伤的花、果易受害。发病部位初期呈褐色水渍状软腐，随后在病部表面迅速产生浓密的白色绵毛状物，其中央产生灰黑色霉层。

此病为波罗蜜花及果实上的常见病害，发生普遍而且严重。

3. 波罗蜜果腐病

弓明钦（1979）报道了此病。

病原菌属半知菌壳霉科假壳霉属的蒂腐色二孢菌（*Diplodia natalensis* Evans）。

果实感病初期，在果皮上产生 2～3 cm 大小的茶褐色病斑，组织变软，其后病斑中央变成黑色。病害发展时，茶褐色病斑继续扩大，其中央的黑色部分也继续扩大，以后在黑色病斑上可见许多白色粉状物从孢子器内生出，后期在黑色病斑上的这些白色粉状物完全变成黑色粉状物。病果内部也随之变黑腐烂。

在海南岛，染病的波罗蜜一般 3 月下旬开始发病，4 月下旬～5 月是发病盛期，特别在高温高湿的条件下或熟果贮藏期，发病更重。波罗蜜品种（或类型）间的抗病性差异不大。一般结果过多、果实小的树发病较重，树冠过密、不利通风透光的树发病重。

防治措施：①减少果实伤口，注意防治果实虫害。②适当疏花疏果，加强果园管理。注意冬季修剪，适当施肥，以增强植株的抗病力。③果熟期每周喷 1∶1∶100 的波尔多液 1 次，或每周喷 50% 的多菌灵 500 倍液或 70% 的敌克松 100 倍液 1 次。

4. 链格孢叶斑病

病原菌为半知菌类的链格孢属（*Alternaria*）真菌，具不同的种。在 PDA 培养基上，菌落初期白色，后变褐色，菌丝体簇状生长，平伏在培养基上；分生孢子淡褐色至深褐色，具纵横隔膜，具喙或无。喙的长短因种的差异变化较大。

叶片受害，病斑初期近圆形或不规则，略凹陷，中央浅褐色，边缘深褐色，病健部分界明显，外围有明显的黄晕圈。病健交界处有明显的黑褐色线纹，宽 1～3 mm。中后期可在病斑上产生灰色至黑色霉层。此病主要发现于幼苗和幼树上。

5. 叶点霉叶斑病

病原菌为半知菌类的叶点霉属（*Phyllosticta*）真菌。分生孢子单孢无色，椭圆形，大小为 1～3 μm×1.5～7.5 μm。分生孢子器半球形、凸镜形，半埋于组织中。

病斑常从叶尖、叶缘开始形成，初期圆形，后期为近圆形或不规则，黑褐色至灰褐色，轮纹明显，病健交界处具明显的黑色线纹，外围有明显的黄色晕圈；中后期病斑较大，并可见轮生的棕褐色小点。

在海南，每年 8～9 月在苗圃的实生苗上发病较重。

6. 拟盘多毛孢叶斑病

病原菌为半知菌类的拟盘多毛孢属（*Pestalotiopsis*）真菌。在 PDA 培养基上，菌丝体白色、絮状；分生孢子纺锤形，大小为 15～20 μm×410～7.5 μm，有 4 个隔膜，基部和顶部细胞无色，中间细胞褐色、较大，顶部细胞有 2～3 根无色刺毛；分生孢子盘黑色，直径为 185～192 μm。

叶尖、叶缘发病较多。病斑较大，形状多不规则，红褐色，周围有不明显的黄晕。后期病斑中央变灰白色、枯死，其上散生许多浓黑色小点。

此病主要为害幼苗和幼树的叶片。

7. 波罗蜜绯腐病

病原菌为担子菌亚门伏革菌属（*Corticium*）的鲑色伏革菌。担子果平铺成 1 层，松软，膜质，粉红色，边缘白色；担子宽圆筒形，上生 4 个小梗，每个小梗上着生 1 个担孢子；担孢子单胞，卵圆形或椭圆形，无色，顶端圆，基部略尖，平滑，大小为 8.8～15.6 μm×6.4～11.0 μm。

主要为害波罗蜜的枝条，导致受害枝条叶片变黄、枯死脱落，枝梢自顶端向下枯死。枯死枝条表面覆盖有 1 层粉红色霉层。

此病在海南发生普遍而且为害严重。

8. 波罗蜜红根病

病原菌为担子菌门灵芝属（*Ganoderma*）真菌。子实体檐生，半圆形，木质坚硬；上表面有皱纹，红褐色；下表面光滑，灰白色，边缘白色厚钝。

病树长势衰弱，易枯死。病树的根颈上方长出病原菌子实体。病根表面平沾1层泥沙，用水较易洗掉，洗后可见枣红色菌膜；病根湿腐，松软而呈海绵状，有浓烈的蘑菇味。

9. 波罗蜜根结线虫病

病原为线虫门根结线虫属（*Meloidogyne*）的花生根结线虫。雌、雄线虫异形，雌虫梨形，雄虫线形；雌虫会阴花纹为卵圆形；雄虫背食道腺开口在基部球后 5.1 μm 处。

发病初期，病株的地上部分症状表现不明显，仅叶色轻微褪绿、无光泽；地下部分近根茎处的根肿大，形成数个直径约 1～2 cm 的根结，以及一些直径为 0.2～0.5 cm 的小根根结。

该病首次发现于海南儋州西联农场东进队波罗蜜苗圃的实生苗上，发病率约为 0.01%。

第六节　果实采收及采后增值

一、果实采收

波罗蜜自开花到果实成熟需 4～8 个月。在海南，果实发育约需 4 个月（王万方，2003）。在亚洲，波罗蜜的主要成熟季节有 3～6 月、4～9 月或 6～8 月。反季节波罗蜜多在 9～12 月。也有一些果实会在其他时间成熟。

由于同一植株花期较长，波罗蜜成熟有先后，因此要适熟采收和分期采收，以保证品质、增加产量，也利于树势的恢复。

波罗蜜植株高大、果实重，采收时造成的果实跌落不仅影响果实的贮运性能和鲜食品质，还会拉伤树皮、折断枝条。因此，在波罗蜜果实采收前，先要准备好梯子、绳索或其他托扶果实的工具。果实采收用的刀具须锋利，避免形成不平滑的果柄伤口，影响愈合。准备好果实运输用的工具；没有采后处理建筑和设施的，需准备好果实防晒、遮阴的工具或场所。为避免采果刀具上黏附果柄上的胶乳，可事先在刀具上涂上植物油。

果实用于烹饪时，可采收生长 1～3 个月的绿色果实。

鲜食果实应在八九成熟时采收。判断波罗蜜果实成熟的方法有：①根据果实生长时间判断。不同波罗蜜品种，自开花到果实成熟都有固定的积温需求，可根据积温需求量推算波罗蜜果实成熟的大致日期。②当离果柄最近的 1

片叶片变黄时，表明果实有八九成熟，可以采收；该叶片变黄脱落时，表明果实已经完全成熟（王万方，2003）。③用木棍敲打果实，声音清脆者，表明果实还未成熟；声音哑而沉闷者，表明果实有八成熟，可以采收。这也是生产上最常用的方法，与根据果实生长时间判断成熟的方法相比，成熟度判断的准确度很高。④用手指折断果皮瘤状突起，根据韧、脆程度和乳汁流出量判断果实的成熟度，若其质地很脆、容易折断、乳汁较少，则说明果实接近成熟，可以采收；若能折断且有较多乳汁，则说明果实还未成熟（王万方，2003）。就地销售的，可以等到果实果皮稍软，能闻到少许香味时采收，但此时的运输性能已大大下降。

采收波罗蜜时，最好2人操作。果实着生位置较低时，可1人托果，另1人切断果柄。果实着生位置较高时，可用绳索绑住果柄，或先用塑料袋套住果实后用绳索绑住塑料袋，然后再切断果柄，避免果实从高空坠落而损伤。采收后的果实要倒置或平放在树阴下，让其果柄的胶乳流出、凝结。采收时，避免果实或枝条上的胶乳沾染果实表面，破坏果实的外观和导致病原繁殖。

波罗蜜果实采收后，在24～27℃条件下放置3～10 d可完成后熟。在20～25℃条件下，用$100×10^{-6}$的乙烯处理24 h可加速绿熟果实的成熟。在完熟过程中，淀粉转化成糖，果肉颜色从苍白色或淡黄色转变成金黄色，果实的香味变浓。

二、果实分级

2002年农业部颁布了农业行业标准《木菠萝》（NY/T 489—2002），标准规定了对波罗蜜鲜果的要求、试验方法、检验规则、标志、标签、包装、贮存和运输条件。根据这一标准，设定了优等、一等和二等果的具体要求，其中优等果的要求是：果实皮色正常，有光泽，清洁，形状完整，果轴不长于5 cm，果实长度50 cm以上，横径40 cm以上，肉质新鲜，色泽金黄，苞肉厚度均匀，风味芳香，口感干爽脆滑，味甜，无腐烂、裂果、疤痕、软腐及其他病虫害，单果质量18 kg以上、可溶性固形物≥21％、可食率≥43％；一等果的要求是：果实皮色正常，有光泽，清洁，形状完整，果轴不长于5 cm，果实长度40 cm以上，横径30 cm以上，肉质新鲜，色泽金黄，苞肉厚度均匀，风味芳香，口感干爽脆滑，味甜，无腐烂，裂果、病虫害引起的疤痕不超过3 cm²，单果质量12 kg以上、可溶性固形物含量≥21％、可食率≥43％；二等果的要求是：果实形状尚完整，无畸形，皮色青绿，尚清洁，果轴不长于5 cm，果实长度为30 cm以上，横径为20 cm以上，肉质新鲜，色泽淡黄，苞肉厚度均匀，风味芳香，口感干爽脆滑，味稍淡，无腐烂，裂果、病虫害引起疤痕不超过 5 cm²，单果质量 8 kg 以上、可溶性固形物含量≥21%、可食率≥43%。

这一标准未考虑到波罗蜜品种间在果实大小、果肉色泽、果皮颜色等方面的差异，应用时会过于局限。在菲律宾，波罗蜜果实的分级如下：大果，至少 20 kg；中等果，15～20 kg；小果，8～15 kg。另外一种分级标准是，一级果，果实性状良好，果皮没有变色、疤痕、割伤或其他病虫害侵染；二级果，果实没有畸形，果皮有一些缺陷。

三、包装

波罗蜜进行运输时可散装，也可单果包装。要求包装容器必须具有保护果实不受伤害的能力，清洁、干燥、牢固、透气、无污染、无异物、内部无尖突物、外部无钉刺、无虫孔及霉变现象。直接用于零售的波罗蜜单果，可采用美观的纸箱包装。

四、运输

波罗蜜长途运输时，建议运输温度保持在 12.1～12.7℃，湿度保持在85%～90%。短途运输时，须采取遮阴、防雨及防震措施，避免果实在运输途中受伤。

五、贮藏保鲜

虽然波罗蜜的有些品种可以实现鲜果的四季供应，但仍有 2 个多月的不挂果期，而且大多数的波罗蜜品种都有较强的季节性，加之波罗蜜生产的区域性和果实的易腐败性，对波罗蜜进行贮藏保鲜十分重要。贮藏保鲜不仅可以缓解鲜食市场以及加工市场波罗蜜果实供应的季节性冲突，而且可以降低贮运过程导致的果实损失，降低果实的采后损耗，提高资源的利用效率，降低环境污染和经济损失。

成熟的波罗蜜果实果皮软，加上成熟季节多为盛夏，高温加剧了运输过程中的损耗。需要进行贮藏和长途运输的果实需要提早采收，控温贮运。小于 16℃的低温可以推迟果实的成熟，但在 12℃以下时，果皮会出现冷害症状，果皮变为暗褐色，果肉褐化、品质降低。因此，波罗蜜果实一般贮藏在温度 13℃左右、相对湿度 85%～95%的条件下，视品种和成熟度的不同，一般可贮藏 2～4 周。

除了整果贮藏外，还可贮藏切取出的单个果苞，即鲜切保鲜或贮存。鲜切果肉可在常温或4℃保存。也可将切取出的波罗蜜果肉，用魔芋精粉与红藻胶混合制成的0.7%～0.8%的水溶液包埋后保存，产品保质期可达7个月（张东华等，2000）。也可将取出的果肉放在聚乙烯塑料盒中，在－30℃以下的低温速冻室中冷冻2 h左右后，置于－18℃左右的冰柜中保存，产品保质期可达8个月（张东华等，2000）。也可使用2%的壳聚糖溶液覆膜鲜切波罗蜜果肉后，置于3℃±1℃的条件下保存（田春美等，2008）。

第七节　波罗蜜加工产品

1. 波罗蜜果脯

波罗蜜果肉可制作波罗蜜果脯，工艺流程为：原料（鲜果）→选别→剖果取果肉、去种子→热烫→糖渍→干制→成品。

操作：选择无虫蚀、无病变的干苞类波罗蜜的成熟果实。水洗、表面晾干后，剖果取果肉、去种子。通过热烫杀灭有害细菌，使部分胶黏物质聚凝，可以防止果肉变色，并使果肉组织软化，但不能烫烂。热烫后洗涤，迅速冷却果肉，控干水。用白砂糖腌制热烫后的果肉，重复2次，每次约12 h。太阳晒干或烘干（65～75℃，8～10 h）（谭乐和等，2006，2001）。

2. 波罗蜜种子淀粉

波罗蜜种子可提取淀粉，如用鲜种子可直接捣碎打浆，干种子则先去外种皮、浸泡之后再去内种皮捣碎打浆（颗粒直径为0.5～1.0 mm），匀质（10～20 MPa，颗粒直径为50～100 μm）。80目洗涤过滤后，100目洗涤过滤。静置沉淀，尽快撇去上层清液。洗涤精制后，以2 500～3 000 r/min的转速离心处理25～30 min。湿淀粉含有较多的水分（35%～45%），须干燥处理，为了防止淀粉糊化，干燥初期应低温、长时间（55～60℃、8～10 h），后期再升温至65～70℃、5～8 h内完成干燥。干燥后，反复磨碎过筛可得粒度均匀的淀粉制品（谭乐和等，2006）。

3. 波罗蜜冰激凌

制作波罗蜜冰激凌的主要原料有乳制品、蛋、甜味剂、酸味料、乳化稳定剂等，冷冻时添加波罗蜜果浆。波罗蜜冰激凌色泽鲜黄、果香芳郁。

波罗蜜果肉中含果胶较多，此外还含有少量的淀粉、糊精、纤维素、半纤维素等胶黏物质，因此波罗蜜果浆的黏度大，以其作原料制作冰激凌，可减少稳定剂的用量。波罗蜜果肉含糖量高，所含糖分主要为蔗糖，因而甜腻感大，以其为原料制作冰激凌，必须补充部分淀粉糖浆，否则成品的甜腻感更大。波罗蜜果实的成熟度对于成品冰激凌的质量至关重要，成熟度高不但香气浓、含糖高，而且色泽深、易于加工。

一般使用湿苞型波罗蜜果实制作波罗蜜冰激凌。

黄发新等(2001)报道了一种制备波罗蜜冰激凌的方法：将果实洗净、晾干后取出果肉，其间应尽量避免使乳胶状物黏附在果肉上。取出的果肉放入沸水中烫1 min，以杀灭有害微生物、使酶钝化、部分胶黏物质聚凝，并使果肉组织软化。糖渍果肉(果肉：糖＝1：1)在低温(＜10℃)下保藏备用。用打浆机将果肉打成浆状，135℃、4 s瞬时杀菌后待用。将稳定剂与其10倍质量的白砂糖混合均匀后加水混合溶解，备用。炼乳、全脂奶粉、稀奶油加适量水一起混合均匀，加入溶化好的奶油和准备好的稳定剂、剩余的糖，共同混溶加热至65℃，放入均质机或胶体磨中，均质压力为15～20 MPa，使粒子微细化，80℃、30 min热杀菌，放入老化缸中。将果浆放入老化缸中与料液混合均匀，将温度降至5℃，冷冻搅拌4～8 h，再降至2℃，老化6～10 h，使料液与果浆充分结合，使其无冰晶。在0～4℃进行凝冻，随时调整搅拌转速，保证一定的膨胀率。凝冻后进行灌装即为软质冰激凌，灌装后进行-20～-18℃的冷冻便成为硬质冰激凌。波罗蜜果肉的用量宜在15%。制作1 kg波罗蜜冰激凌，用食用全脂奶粉137 g、淡炼乳85 g、奶油85 g、白砂糖36 g、淀粉糖浆12 g、鸡蛋18 g、海藻酸钠2 g、单甘酯2 g、波罗蜜果浆150 g、水473 g。

4. 波罗蜜脆片

一般用真空油炸法制作波罗蜜脆片，虽然产品风味酥脆香甜，但要消耗大量的食用油，而且脆片的含油量高，长期食用不利于健康，其色泽发暗，贮藏后会造成油脂酸败，导致不同程度的哈败味，货架期短。也可使用微波膨化法制作波罗蜜脆片，但技术难度较高。

一般使用干苞类型的波罗蜜品种制作波罗蜜脆片。

曹海燕和宋国敏(2001)以干苞波罗蜜为原料，试制出一种烘干加油炸法制作的波罗蜜脆片，制作方法为：挑选手压果皮富有弹性或香味浓溢的波罗蜜果实，清洗，对半切开，去花序轴，用手蘸水取出果苞，去核，将果苞两端约0.7 cm处切除。原料配制，先将奶粉溶于水中，然后将果苞倒入其中混合均匀，果苞：奶粉：水＝10：1：5。烘制，初期为55～60℃、8～10 h，然后为65～70℃、8～10 h，大部分水分蒸发后为50～55℃、11～20 h；出品率平均为25%～30%。回软，在通风干燥的室内放置24 h，使原料中的含水量均匀一致。油炸，在140～160℃的植物油中将原料炸至黄色。最后进行冷却、分级、包装。

阳辛凤(2005)报道了一种利用微波制作波罗蜜脆片的制作工艺。在该工艺中，采取"微波脱水＋热风干燥"的方式可使苞片的水分质量分数降至 15％。如再经 30 s 微波膨化，产品的品质最好，膨化率最高（约为 100％）。具体工艺为：波罗蜜果实选择→对半切开，去花序轴→取果苞→去核、切分→清洗、浸泡→沥干→预干燥（先用微波脱水 90 s 后置于 70℃ 鼓风干燥箱内处理，至含水量降至 10％～30％）→水分均衡→微波膨化（水分质量分数等于 15％ 时，膨化 25～35 s 的膨化率可达 100％）→固化处理（将膨化后的果苞产品放在电热干燥箱中，45℃ 保持 4 h 后，在 5℃ 低温下保藏）→成品。

林木材等（2007）报道了一种棕榈油油炸结合真空干燥的波罗蜜脆片制作工艺：波罗蜜果实→去壳（取出单苞）→去核→护色（将切片的波罗蜜果肉放入 0.6％ 的柠檬酸和 0.02％ 的抗坏血酸的复合护色剂中浸泡 20 min）→干燥（用棕榈油对波罗蜜果肉进行油炸定型后，在 0.09 MPa 的真空度、温度为 50℃ 的条件下进行干燥）→包装保存→检验→成品。

5. 波罗蜜果酱

黄甫和吴军华（2002）报道了一种波罗蜜果酱的制作工艺：选取完熟、无病害、未腐烂波罗蜜果实，用 0.02％ 的二氧化氯溶液浸洗 5～10 min 后取出，对半切开，挖取果肉包，去核。将果肉置于沸水中热烫 30 s，凉 20 min。常温下糖渍（果肉：白糖＝1：1，混合均匀）6 d。将糖渍后的果肉及溶出的糖浆加等量的水，于磨浆机中磨浆，再于浆渣分离磨浆机中再次磨浆除渣。将上述所得的果浆搅拌、加热，同时加入各种辅料：60％ 的蔗糖、4％ 的葡萄糖、0.25 g/L 的尼泊金乙酸、0.25 g/L 的 CMC、1 g/L 的琼脂。调节果酱的 pH 值在 5.6 左右，调控温度在 100℃ 以下或保持 100℃ 的时间不超过 8 min。将上述调配好的果酱置于真空锅中，调节加热蒸汽压力为 0.15～0.20 MPa，锅内的真空度为 0.087～0.093 MPa，温度为 50～60℃。待总糖含量达到 67％～68％ 时，关闭真空泵，解除锅内真空，边搅拌边加热升温至果酱中心温度 100℃，保持 5 min，然后迅速降温至 70℃ 左右。先用 0.05％ 的二氧化氯溶液浸瓶和盖 10 min，再罐装。罐装时严格控制温度在 65～70℃。罐装完毕后立即加盖、封口。杀菌温度 68℃，时间 10 min，二次杀菌冷却后倒转摇匀。

6. 波罗蜜果酒

李俊侃和王天陆（2008）报道了一种波罗蜜果酒的制作工艺：选取无腐烂变质、无变软、无病虫害的八九成熟波罗蜜果实。人工去皮，取出果囊，去果仁，用清水清洗果肉表面，放入打浆机中打浆。打浆后加入 50～100 mg/L 的 SO_2 护色。加入 SO_2 后 3 h，在 45℃ 下加入 100 mg/L 的果胶酶处理 6～8 h。压榨过滤，除去沉淀物后获得波罗蜜澄清汁。添加蔗糖调整浓度至 21％。在经上述步骤获得的波罗蜜汁中加入 5％ 的活化酵母液，控制温度在 24℃ 左右（过高有醋酸）进行发酵，获得酒液。酒液密封一段时间后，取上清液经硅藻土过滤得澄清酒液。将澄清酒液置于较低的温度下存放，陈酿。

张玲等（2011）报道了一种液态发酵酿造波罗蜜果酒的方法：选取波罗蜜果实（干苞型），洗净，取果肉；按体积比 1∶1 加护色液混合均匀，护色液中含 0.02％的抗坏血酸和 0.6％的柠檬酸；加入护色液的果肉在 4℃下浸提 8 h；打浆，过滤（真空抽滤）；调整成分（糖度 20％，酸度为 4.5）；灭菌（100℃灭菌 9 min）；加入活化酵母发酵（5％左右的接种量，28℃发酵 9 d）；将琼脂加入波罗蜜果酒样配成 1 g/L 的溶液，将其充分振荡后在室温下静置 24 h 澄清；稳定性试验，获得果酒产品。

7. 波罗蜜果汁

陈智理等（2011）介绍了一种波罗蜜果汁的加工方法：将波罗蜜果肉切分；添加果胶酶液混合打浆，300 g 果肉加 0.1％的果胶酶和 100 ml 的水；在 50℃、pH 值 4.0 的条件下酶解 2.5 h；打浆离心，离心速度 4 000 r/min、时间 10 min；测透光率和出汁率；调配至糖度 20°Bx、柠檬酸 0.1％、抗坏血酸 0.06％；巴氏杀菌（80℃，10 min）；冷却，获得成品，进行感官分析。

8. 波罗蜜果干

李建强（2017）报道了一种轻糖原味波罗蜜果干的制作方法，所得波罗蜜果干的水分≤18％、总糖≤60％。该法的工艺为：以八至九成熟度的干苞波罗蜜为原料，用 80℃的清水（含 0.6％的 D-异抗坏血酸钠）热烫 3 min，糖浸（间歇强制循环复合糖液，初始糖度 25°Bx、75％的麦芽糖浆添加量 15％，甘油添加量 0.3％）至糖液稳定在 35°Bx，沥干，半烘干，拌酸，回软，烘干，获得成品。

9. 波罗蜜果醋

在发酵制成的波罗蜜果酒中加入醋酸菌，即可发酵成具有波罗蜜特征香气的果醋（何宇宁等，2019）。

参 考 文 献

[1]Agarwala S C，莫治雄. 杧果、番石榴和波罗蜜的缺铜研究[J]. 热带作物译丛，1993（1）：28-30.

[2]Alam M Z. Insect and mite pests of fruit and fruit trees in east Pakistan and their control[M]. East Pakistan，Dacca：Department of Agriculture，1962：82-82.

[3]Amin M N. In vitro enhanced proliferation of shoots and regeneration of plants from explants of jackfruit trees[J]. Plant Tissue Culture(Bangladesh)，1992，2(1)：27-30.

[4]Angeles D O. Cashew and jackfruit research[M]. Laguna，Philippines：Department of

Horticulture, University of the Philippines at Los Banos(UPLB), 1983.

[5]Butani D K. Pests and Diseases of jackfruit in India and their control[J]. Fruit, 1978, 33: 351-367.

[6]Concepcion R F. Jackfruit: Aromatic money-maker[J]. Agribusiness Weekly, 1990, 4 (3): 12-13.

[7]Corner E J H. Notes on the systematy and distribution of Malayan phanerogams. II. The jack and the chempedak[J]. Gard Bull, 1938, 10: 56-81.

[8]Coronel R E. Promising Fruits of the Philippines[M]. Laguna, Philippines: College of Agriculture, UPLB, 1983: 251-274.

[9]Dutta S. Cultivation of jackftui in Assam[J]. Indian J Hortic, 1956, 13: 189-197.

[10]Familiar A A. The effect of storage duration, temperature and container on weight loss and germination of jackfruit(*Artocarpus heterophyllus* Lam.) seeds[D]. Laguna, Philippines: UPLB, 1981.

[11]Hensleigh T E, Holaway B K. Agroforestry species for the Philippines[M]. Manila: AJA Printers, 1988: 45-49.

[12]Hidalgo R L. Study on fruit growth and development of jackfruit[D]. Laguna, Philippines: UPLB, 1984.

[13]Laserna J C. Fruit abscission and its effect on yield and quality of jackfrtui(*Artocarpus heterophyllus* Lam.)[D]. Laguna, Philippines: UPLB, 1988.

[14]Leonardo C O, Leonardo G N, Becky E R, et al. Abundance of Jackfruit(*Artocarpus heterophyllus*) Affects Group Characteristics and Use of Space by Golden-Headed Lion Tamarins(*Leontopithecus chrysomelas*) in Cabruca Agroforest[J]. Environmental Management, 2011, 48: 248-262.

[15]Khan M A M, Islam K S. Nature and extent of damage of jackfruit borer, *Diaphania caesalis* Walker in Bangladesh[J]. Journal of Biological Sciences, 2004, 4(3): 327-330.

[16]Mendiola N B. Introduction of tsampedak and suspected case of natural hybridization in *Artocarpus*[J]. Philipp Agric, 1940, 28: 789-796.

[17]Moncur M W. Floral ontogeny of the jackftuit, *Artocarpus heterophyllus* Lam. (Moraceae)[J]. Australian Journal of Botany, 1985, 33(5): 585-593.

[18]Morton J F. Fruits of Warm Climates[M]. Winterville, North Carolina, USA: Creative Resources System, Inc. , 1987: 58-64.

[19]Morton J F. The jackfruit (*Artocarpus heterophyllus* Lam.): its culture, varieties and utilization[J]. Proc Fla State Hortic Soc, 1965, 78: 336-344.

[20]Ong B T, Nazimah S A H, Osman A, et al. Chemical and flavour changes in jackfruit (*Artocarpus heterophyllus* Lam.) cultivar J3 during ripening[J]. Postharvest Biology and Technology, 2006(40): 279-286.

[21]Ong B T, Nazimah S A H, Tan C P, et al. Analysis of volatile compounds in five jackfruit(*Artocarpus heterophyllus* L.) cultivars using solid-phase microextraction(SPME)

and gas chromatography-time-of-flight mass spectrometry（GC-TOFMS）［J］. Journal of Food Composition and Analysis，2008（21）：416-422.

［22］Padolina F. Vegetative propagation experiments and seed germination［J］. Philipp J Agric，1931（2）：347-355.

［23］Popenoe W. Manual of Tropical and Sub-tropical Fruits［M］. New York：Halfner Press Co. ，1974：414-419.

［24］Purseglove J W. Tropical Crops：Dicotyledons 2［M］. New York：John Wiley and Sons，Inc. ，1968：384-387.

［25］Richards A V. A note on the cultivation of Singapore jack［J］. Tropic Agric Ceylon，1950，106：12-13.

［26］Rosnah Shamsudin，Chia Su Ling，Chin Nyuk Ling，et al. Chemical Compositions of the Jackfruit Juice（*Artocarpus*）Cultivar J33 During Storage［J］. Jounal of Applied Sciences，2009，9（17）：3202-3204.

［27］Roy S K，Islam M S，Sen J，et al. Propagation of flood tolerant jackfruit（*Artocarpus heterophyllus*）by in vitro culture［J］. Acta Hort（ISHS），1993，336：273-278.

［28］Selvaraj Y，Pal D K. Biochemical changes during the ripening of jackfruit（Artocarpus heterophyllus Lam. ）［J］. J Food Sci Technol，1989，26：304-307.

［29］Sonwalkar M S. A study of jackfruit seeds［J］. Indian J Hortic，1951，8：27-30.

［30］曹海燕，宋国敏. 木菠萝脆片的研制［J］. 食品与发酵工业，2001，27（3）：80-81.

［31］曾祥友，曾运友，张浩，等. 金苞无胶树菠萝［J］. 中国热带农业，2005（4）：37.

［32］陈丛瑾，杨秀团，莫利书，等. 电感耦合等离子体原子吸收光谱法测定木菠萝树叶与树干中 12 种元素［J］. 理化检验（化学分册），2010，46（10）：1187-1188，1192.

［33］陈福泉，张本山，卢海凤. 波罗蜜种子淀粉消化特性与糊性质的研究［J］. 食品与发酵工业，2009，35（4）：43-46.

［34］陈福泉，张本山. 波罗蜜种子淀粉颗粒的物化特性研究［J］. 食品工业科技，2009，30（10）：65-67.

［35］陈广全，钟声，钟青，等. 木菠萝嫁接技术简介［J］. 中国南方果树，2006，35（2）：42.

［36］陈广全，钟声，钟青，等. 茂果 5 号树菠萝丰产稳产栽培技术［J］. 中国热带农业，2008（1）：64.

［37］陈华堂，Liao J，Kabat E A. 木菠萝凝集素结合部位糖的特异性［J］. 生物化学杂志，1991，7（2）：164-170.

［38］陈建华. 利用波罗蜜加工蜜饯和配制酒［J］. 中国食品工业，1996，3（5）：28-29.

［39］陈智理，杨昌鹏，浦海燕，等. 波罗蜜果汁加工工艺的研究［J］. 饮料工业，2011，14（6）：20-23.

［40］陈忠，杨爱珍，黄连宝，等. 海南波罗蜜凝集素的分离纯化及其生物学特性初探［J］. 湖北农业科学，2003（3）：95-96，80.

［41］程建勤. 树菠萝丰产稳产栽培技术［J］. 中国热带农业，2011（3）：49-50.

[42]邓勇，周德义，关祺芳，等．红桂木、白桂木和木菠萝种子凝集素生物学性质的比较分析[J]．广西医科大学学报，1995，12(2)：183-186.

[43]邓振权，卢光，何高华．泰国四季木菠萝引种表现与早结丰产栽培技术[J]．福建果树，2008(3)：20-22.

[44]邓振权，卢光．泰国"红包"、"四季蜜甜"树菠萝栽培管理技术[J]．中国南方果树，2007，36(1)：37-38.

[45]范鸿雁，王祥和，胡福初，等．"琼引1号"波罗蜜的引种表现[J]．中国南方果树，2014，43(3)：132-133.

[46]丰锋，叶春海，李映志．波罗蜜的组织培养[J]．西南师范大学学报(自然科学版)，2007，32(2)：49-53.

[47]丰锋，叶春海，李映志．波罗蜜的组织培养和植株再生[J]．植物生理学通讯，2006，42(5)：915-916.

[48]高爱平，李建国，陈业渊．波罗蜜对环境条件的要求[J]．世界热带农业信息，2003(6)：26-27.

[49]弓明钦．木菠萝果腐病的防治[J]．热带林业科技，1979(3)：28-29.

[50]郭飞燕，纪明慧，舒火明，等．海南波罗蜜果胶的提取工艺研究[J]．食品工业科技，2008，29(5)：212-214.

[51]郭飞燕，纪明慧，舒火明，等．海南波罗蜜挥发油的提取及成分鉴定[J]．食品科学，2010，31(2)168-170.

[52]何舒，范鸿雁，罗志文，等．马来西亚无胶波罗蜜在海南引种试种表现[J]．热带农业科学，2011，31(9)：9-13.

[53]何宇宁，黄和，钟赛意，等．波罗蜜果醋发酵菌种的选育及发酵特性[J]．食品科学，2020，41(14)：183-189.

[54]黄发新，郑华，寒冰．波罗蜜冰激凌的研制[J]．食品工业，2001(1)：7-9.

[55]黄甫，吴军华．波罗蜜果酱生产工艺的研究[J]．食品工业科技[J]．2002，123(7)：44-45.

[56]简日明．木菠萝黄翅绢野螟的防治[J]．中国热带农业，2005(1)：43.

[57]江柏萱．黄化和生根激素处理诱导波罗蜜空中压条生根[J]．世界热带农业信息，1998(9)：121.

[58]焦凌梅．波罗蜜营养成分与开发利用价值[J]．广西热带农业，2010(1)：17-19.

[59]劳世辉，魏岳荣，盛鸥，等．波罗蜜的染色体制片优化及核型分析[J]．中国农学通报，2011，27(16)：215-219.

[60]李建强，冯春梅，黎新荣，等．轻糖原味波罗蜜果干加工技术优化[J]．南方农业学报，2017，48(5)：889-895.

[61]李俊侃，王天陆．波罗蜜果酒的研制[J]．中国酿造，2008(12)：94-96.

[62]李瑞梅，胡新文，郭建春，等．波罗蜜研究概述(综述)[J]．亚热带植物科学，2007，36(2)：77-80.

[63]李移，李尚德，陈杰．波罗蜜微量元素含量的分析[J]．广东微量元素科学，2003，10

（1）：57-59.

[64]李映志，叶春海，李润唐，等．木菠萝种质资源数据库系统的建立[J].福建果树，
2008(1)：8-11.

[65]李增平，张萍，卢华楠．海南岛木菠萝病害调查及病原鉴定[J].热带农业科学，2001
（5）：5-10.

[66]李宗锴，刘学敏，杨绍琼，等．云南省河口县波罗蜜寒害情况调查及适应性分析[J].
热带农业科学，2019，39(6)：46-51.

[67]林华娟，秦小明，肖巧玲．波罗蜜果肉中果胶物理化学性质的初步探讨[J].广西热带
农业，2006(6)：1-3.

[68]林木材，李远志，张慧敏．油炸与真空干燥结合加工波罗蜜脆片工艺研究[J].食品研
究与开发，2007，28(8)：117-119.

[69]林庆光，陶挺燕，陈德胜．胡椒波罗蜜间种模式[J].中国热带农业，2019(5)：67-
68，47.

[70]刘东明，伍有声，高泽正．榕八星天牛发生为害及防治初报[J].广东园林，2002(3)：
43-44.

[71]陆玉英，阮经宙，苏伟强，等．波罗蜜"一叶一芽"绿枝扦插技术研究[J].中国南方果
树，2010，39(4)：42-44.

[72]陆玉英，苏伟强，阮经宙，等．广西波罗蜜种质资源调查与评价[J].中国热带农业，
2011(3)：31-32.

[73]罗鸿文．热带巨果——波罗蜜[J].热带地理，1986，6(3)：285-286.

[74]吕飞杰，彭艳，陈业渊，等．我国波罗蜜生产现状及发展优势分析[J].中国热带农
业，2012(2)：13-15.

[75]吕庆芳，丰锋，李映志，等．波罗蜜新品种'海大1号'[J].园艺学报，2013，40(8)：
1613-1614.

[76]马建伦．濒危树种——南川木菠萝[J].大自然，2006(3)：51.

[77]苗平生．小波罗蜜[J].福建热作科技，1986(3)：31.

[78]纳智．波罗蜜中香气成分分析[J].热带亚热带植物学报，2004，12(6)：538-540.

[79]尼章光，张林辉，解德宏，等．波罗蜜优良单株云热-206的选育研究[J].广东农业科
学，2008(12)：49-50，54.

[80]潘建平，袁显，陈锦瑞，等．阳东县钓月村树菠萝资源调查与评估[J].广东农业科
学，2007(10)：30-31.

[81]孙世伟，刘爱勤，桑利伟，等．两种波罗蜜新发生害虫的识别与防治[J].热带农业科
学，2013，33(6)：43-47.

[82]孙燕，杨建峰，谭乐和，等．波罗蜜高产园土壤养分特征研究[J].热带作物学报，
2010，31(10)：1692-1695.

[83]谭乐和，刘爱勤，林民富．波罗蜜种植与加工技术[M].北京：中国农业出版
社，2007.

[84]谭乐和，王令霞，朱红英．波罗蜜的营养物质成分与利用价值[J].广西热作科技，

1999，71：19-20.

[85]谭乐和，郑维全，刘爱勤，等．兴隆地区波罗蜜种质资源评价与开发利用研究[J]．热带农业科学，2006，26(4)：14-19.

[86]谭乐和，郑维全，刘爱勤．海南省兴隆地区波罗蜜种质资源调查与评价[J]．植物遗传资源科学，2001，2(1)：22-25.

[87]谭乐和，郑维全．波罗蜜种子淀粉提取及其理化性质测定[J]．海南大学学报自然科学版，2000，18(4)：388-390.

[88]唐林凤，傅家瑞．木菠萝 *Artocarpus heterophyllus* 种子的湿藏研究[J]．中山大学学报（自然科学版），1993，32(2)：111-115.

[89]田春美，钟秋平．木薯淀粉/壳聚糖可食性复合膜对鲜切波罗蜜的保鲜研究[J]．重庆工贸职业技术学院学报，2008(1)：48-51.

[90]王缉健．木菠萝的两种新害虫[J]．广西林业，1996(1)：24.

[91]王俊美，傅家瑞．木菠萝种子萌发与贮藏研究[J]．中山大学学报论丛，1990，9(2)：42-46.

[92]王俊宁，陈熠先，丰锋，等．广东湛江地区木菠萝种质资源果实的品质分析[J]．福建果树，2010(4)：12-15.

[93]王天陆．波罗蜜脆片生产技术研究[J]．食品研究与开发，2009，30(4)：93-95.

[94]王万方．木菠萝栽培技术[J]．柑橘与亚热带果树信息，2003，19(1)：29-31.

[95]王艳红，李映志，丰锋，等．磁珠富集法分离波罗蜜微卫星标记及系列分析[J]．果树学报，2010，27(6)：1046-1051.

[96]王耀辉，叶春海，丰锋，等．雷州半岛波罗蜜种质资源的果实形态标记及性状的因子分析[J]．热带作物学报，2009，30(6)：761-768.

[97]韦诗琪，郭璇华．波罗蜜丝果胶提取工艺优化[J]．食品研究与开发，2011，32(6)：61-64.

[98]吴刚，陈海平，桑利伟，等．中国波罗蜜产业发展现状及对策[J]．热带农业科学，2013，33(2)：91-97.

[99]武杰，王立峰．波罗蜜果浆冰激凌的研制[J]．冷饮与速冻食品工业，2005，11(2)：21-23.

[100]徐华民．波罗蜜果脯生产工艺技术的研究[J]．食品科学，1998，19(7)：64-65.

[101]阳辛凤．微波膨化加工木菠萝脆片工艺[J]．热带作物学报，2005，26(2)：19-23.

[102]杨斌．树菠萝优质高效栽培技术[J]．农村实用技术，2010(4)：37-38.

[103]杨从金．攀枝花地区树菠萝发展的前景[J]．四川果树科技，1987(2)：46-48.

[104]杨少桧．波罗蜜——热带水果保鲜技术[J]．保鲜与加工，2005(3)：26.

[105]叶春海，李映志，丰锋．雷州半岛波罗蜜种质遗传多样性的 RAPD 分析[J]．果树学报，2005，32(6)：1088-1091.

[106]叶春海，王耀辉，李映志，等．波罗蜜遗传多样性的 ISSR 分析[J]．果树学报，2009，26(5)：659-665.

[107]叶春海，吴钿，丰锋，等．波罗蜜种质资源调查及果实性状的相关分析[J]．热带作

物学报，2006，27(1)：28-32.

[108]叶耀雄，朱剑云，黄卫国，等．木菠萝的嫁接试验[J].中国热带农业，2006
(5)：44.

[109]叶耀雄，朱剑云，叶永昌，等．木菠萝种子繁殖试验[J].中国热带农业，2008
(5)：41.

[110]余鸿秀．波罗蜜栽培技术[J].现代农业科技，2008(14)：52-53.

[111]袁显，潘建平，陈锦瑞．树菠萝优质高效栽培技术[J].广东农业科学，2008(7)：
50-52.

[112]张东华，施跃坚，汪庆平．波罗蜜的保鲜及其市场开发前景[J].资源开发与市场，
2000，16(5)：264-265.

[113]张玲，张钟，赖志聪，等．发酵型波罗蜜果酒加工工艺研究[J].湖北农业科学，
2011，50(10)：2096-2011.

[114]张世云．待开发的热带水果——波罗蜜[J].云南农业科技，1989(2)：46，43.

[115]张诒仙．芽条、砧木对波罗蜜芽接成活率和生长的影响[J].世界热带农业信息，
1996(11)：151.

[116]章宁，林清洪．百果之王——波罗蜜[J].厦门科技，2003(2)：59.

[117]郑华，张弘，甘瑾，等．波罗蜜果实挥发物的热脱附-气相色谱/质谱(TCT-GC/MS)
联用分析[J].食品科学，2010，31(6)：141-144.

[118]郑维全，潘学峰，谭乐和．波罗蜜嫩茎离体培养的研究[J].海南大学学报(自然科学
版)，2006，24(3)：289-293.

[119]郑有诚．怎样种植波罗蜜[J].农业科技通讯，1987(1)：21.

[120]钟声，陈广全，钟青，等．树菠萝苗补片芽接技术[J].中国热带农业，2005
(3)：44.

[121]钟声，陈广全，钟青，等．常有树菠萝丰产稳产栽培技术[J].中国农业信息，2009
(4)：17-18.

[122]周素芳，周德义，张承禄，等．木菠萝凝集素的纯化与性质研究[J].广西科学，
1996，3(1)：35-38.

[123]朱宝华．树菠萝王[J].云南林业，2003，24(3)：26.

[124]朱剑云，叶耀雄，叶永昌，等.8份树菠萝种质资源的RAPD分析[J].广东农业科
学，2005(6)：11-13.

[125]邹勇芳，苏玉凤，李清容，等．木菠萝水提物中多糖含量的测定[J].右江民族医学
院学报，2009(3)：369-370.

第二章　莲雾

莲雾(*Syzygium samarangense* Merr. et Perry)(图 2-1)，又名金山蒲桃、洋蒲桃、辈雾、琏雾、爪哇蒲桃、水蒲桃等，是桃金娘科蒲桃属的热带常绿乔木果树，也是重要的热带水果，具有极高的经济价值，原产于马来半岛及安达曼群岛等地，在我国主要种植在华南地区。莲雾性喜温暖，最适宜的生长温度为 25～30℃。果实可全年生产，个头大，多汁，富含组氨酸、精氨酸、维生素 C、蛋白质、矿物质等营养成分，主要用于鲜食。

图 2-1　莲雾植株和果实(周双云 摄)

第一节　我国莲雾产业

一、我国莲雾产业的发展历程

在荷兰殖民者占据我国台湾期间(1624—1662 年)，由荷兰人自爪哇将莲雾引入台湾岛。但由于缺乏优良品种、栽培技术不过关等原因，尤其是贮藏保鲜和产后加工技术严重落后，我国莲雾产量低、品质差、味淡，产品缺乏市场竞争力，严重制约了其生产和发展。因此，在很长一段时间，莲雾的生产处于低水平发展，基本上是以农户房前屋后作为庭院植物种植为主的零星种植状态。

20世纪70年代开始，我国台湾开始莲雾栽培技术的研究，取得了一些成果，特别是1976年发现速灭松（Sumithion）有催花的作用，利用人工调控方法提早了莲雾的花期，调节了产期。80年代开始，又深入进行了莲雾的芽体形态发育研究、果园土壤中和叶片中的矿物质营养分析、产品分级包装集运作业、果品加工及经营成本分析等，2002年栽培面积7 864 hm^2，总产量9.5万t，莲雾成为台湾人的佐餐佳果，畅销岛内外，常常供不应求。目前，我国台湾是世界上莲雾种植技术最先进和种植规模最大的地区，最好的莲雾产自台湾岛最南端的屏东县，宜兰、彰化、台南等地也是主要的种植地。

海南、广东、广西、福建和云南等地从20世纪30年代开始，从台湾引种试种均获得成功，但栽培面积较少。随着人民生活水平的提高，广大消费者对食品的消费需求转变为追求安全、营养、保健和新、奇、特。莲雾作为一种新特优水果日益得到消费者的追捧，海南、福建、广东等地的莲雾栽培面积和产量得到迅猛的发展。如，海南琼海的莲雾种植面积于2011年超过360 hm^2，且种植规模仍有快速扩大的趋势。

二、我国莲雾产业发展概述

(一)发展成就

1. 莲雾栽培的良种化、规模化、区域化

品种良种化是莲雾产业发展的前提。在引种过程中，经过不断摸索实践，目前我国大陆地区规模化种植的莲雾有粉红类的黑珍珠、黑金刚、大叶红和泰国大果系的红钻石等优良品种，这些品种的果型大、形色好、质地坚实爽脆、甜度高、风味好、产量高，深受消费者欢迎，具有很高的经济价值。

规模化和区域化的形成。2011—2013年，福建实施"福建省种业创新与产业化工程项目"的"福建莲雾品种创新应用及产业带工程建设"，繁育优质种苗30多万株，为全省莲雾产业化建设提供了种苗保障；建立核心示范基地近25 hm^2、生产基地400多hm^2，辐射推广660多hm^2，形成了以漳州市沿海县市为主的我国莲雾北缘最大的产业带。广西莲雾生产主要集中在防城港市、钦州市、百色市，北海市及南宁周边地区也有零星种植。海南莲雾生产主要集中在海口市、琼海市和三亚市，儋州市、昌江县等也有少量种植。

2. 莲雾种植技术日益成熟、产业化程度高

莲雾产业发展得益于栽培技术，特别是产期调节技术的提高。所谓果树产期调节，是指根据果树开花习性及影响开花的内在因素与外界条件，应用各种技术措施，控制或调节营养生长与生殖生长的关系，使果树提早或延后开花或分散花期，从而使果实成熟期提早或延后，其关键是对花芽分化的控制。产期调节的目的是延长鲜果的市场供应时间，最终实现鲜果的周年供应。目前，在台湾、海南等种植水平比较高的地区，可以做到 1 年 2 熟或 3 熟，如果每个果园分为几个小区，有计划地运用以断根、环割、遮阴、催花处理、水肥调控等措施为主的产期调节技术，那么可以做到一年四季都有鲜果上市。台湾莲雾产期调节技术非常成熟，图 2-2 所示是其莲雾产期调节的模式图。

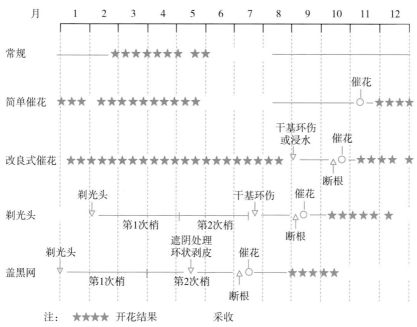

图 2-2 台湾莲雾产期调节模式图(余亚白，2004)

农业标准化是从传统农业向现代农业转变的重要手段，是高产优质高效农业的重要举措。为了推广莲雾科技成果，我国制定了相关的农业标准(表 2-1)。相关标准的实行，从技术和组织管理上把莲雾生产的产前、产中、产后等各方面有机地联系在一起，以保证莲雾生产有条不紊地开展。通过建立和完善以莲雾果品为龙头，以等级制度为重点的标准体系，并按照标准把握生产管理、质量分析检验、包装储运等各个环节，可以使我国莲雾产业更快地实现高产、优质、高效。

表 2-1　国内有关的莲雾标准

序号	标准名称	标准代号	标准类型
1	莲雾	NY/T 1436—2007	行业标准
2	莲雾流通规范	SB/T 10886—2012	行业标准
3	莲雾 种苗	NY/T 3327—2018	行业标准
4	莲雾生产技术规程	DB46/T 178—2009	地方标准
5	莲雾嫁接苗	DB46/T 179—2009	地方标准
6	莲雾产期调节生产技术规程	DB46/T 294—2014	地方标准
7	海南名牌农产品莲雾	DBHN/005—2014	地方标准
8	农业气象观测规范 莲雾	DB46/T 463—2018	地方标准

农业标准化也是农业产业化的重要环节。莲雾产业化经营是世界莲雾发展的大趋势。随着莲雾产业化"市场牵龙头、龙头连基地、基地带农户"经营走向的逐渐清晰，扶持一批具有辐射带动能力的龙头企业，创出对市场具有吸引力的莲雾名牌农业产品，已成为推进莲雾产业化经营的关键。按统一的技术标准把从事生产、加工的莲雾果农组织起来，进行分户生产、统一销售，是适合当前莲雾发展的农业产业化的一种切实有效的组织形式，它一方面有利于迅速扩大农业生产规模，另一方面有利于大品牌争大市场的格局的形成。

3. 重视口岸检疫，严控水果质量安全

我国大陆销售的莲雾，主要产自泰国和我国台湾地区。由于莲雾是危险性有害生物的喜食寄主，病虫害发生的种类较多。其中，实蝇类害虫多次在进境口岸被查获，引起了中国大陆有关部门的高度重视。如，海南出入境检验检疫局热带植物隔离检疫中心和三亚出入境检验检疫局凤凰码头办事处分别于 2013 年 3 月 28 日和 4 月 7 日从越南旅客携带的白莲雾中截获棒角莲雾姬小蜂。该害虫个体很小，且隐藏于莲雾中空的果芯之中，一般不容易被发现，发现时其为害已十分严重，将导致水果失去食用价值。该害虫生活历期短，1 年内能发生多个世代，种群数量大，繁殖和传播速度快，不易测报，防治非常困难。该害虫一旦传入我国，必将对我国的莲雾种植业造成严重威胁。因此要加强对入境莲雾水果的检疫工作，严防棒角莲雾姬小蜂传入我国。

(二)主要教训

1. 新品种引进欠缺试验，存在盲目发展现象

莲雾是优稀水果。目前，各地对新品种引进试验、示范工作重视不够，存在盲目引进的问题。因此，各地应进一步投入研究资金、提升研发能力，加大新品种的引进试验、示范及推广工作力度，尽快选育出适合当地种植的当家品种，杜绝盲目引进，减少损失。

2. 配套栽培技术缺乏，制约产业可持续发展

莲雾挂果期长、果形美、果色鲜艳，果实营养丰富。莲雾果实受到广大消费者的欢迎和认可，产业经济效益高，发展前景十分诱人。但是莲雾花期调节的技术含量高，花期管理工作精细，且收成期短、易腐烂、不易贮藏。我国莲雾产区多在沿海地区，如遇台风侵害则会大量落花落果，甚至颗粒无收。莲雾属于典型的热带果树，易受冷害。如 2008 年 1 月 13 日至 2 月 19 日，广西防城港市防城区遭遇罕见的长时间低温冷冻天气，致使莲雾落花落果严重，损失惨重（裴开程等，2009）。又如 2012 年 3 月上旬，福建长泰县曾经出现过持续 5 日的阴雨低温天气，湿度高达 95％左右，3 月下旬也曾出现过持续 3 d 的低温阴雨天气，湿度约为 90％，花期多次出现阴雨低温天气造成了高达 75％的落花（叶来敏等，2015）。因此，为了莲雾产业的可持续发展，须加强莲雾丰产优质配套栽培技术的研究，总结精细管理技术，探索莲雾的设施栽培技术。

三、发展前景

莲雾植株速生快长、周年常绿、树姿优美，花期长、花香浓、花形美，挂果期长、果形美、果色繁多且鲜艳，非常适于庭院绿化、观光果园和盆景栽培。莲雾果实营养丰富，被誉为"水果皇帝"。莲雾果实清凉解渴，果肉可加少许食盐凉拌食用，可加工莲雾汁、莲雾蜜饯、莲雾罐头、莲雾果酱、莲雾醋。莲雾还有清热、利尿、安神、润肺、止咳、除痰等功效，能辅助治疗咳嗽、痔疮、腹满、肠炎、痢疾、糖尿病等常见疾病。

我国台湾是世界上莲雾种植技术最先进、规模最大的地区。与台湾一衣带水、隔海相望的福建在气候、技术、地理等方面独具优势，2011 年全省开始实施"福建莲雾品种创新应用及产业带工程建设"项目。该项目通过区域规划、示范基地建设、品种选育、种苗快繁、产期调节、水肥一体化栽培技术集成、高附加值产品研发、信息化平台建设、农民合作组织建设等产业化支撑体系的建立，形成了以漳州市沿海县市为主的我国大陆莲雾北缘最大的产业带，并开发出"心情莲雾"蔬果蜜饯等系列加工产品，对福建莲雾产业起着巨大的推动作用。

海南岛是我国最大的热带岛屿，素有"天然温室"的美称，发展热带高效农业有着得天独厚的条件。海南莲雾生产发展迅猛，已成为我国大陆地区面积最大、品种最多、品质最优的莲雾产区。2015 年 6 月，海南省政府明确表示将调整海南农业发展结构，重点发展包括热带特色高效农业在内的 12 个产业，发布的《做大做强热带特色高效农业研究报告》中明确提出增加种植莲雾

10 万亩(约 0.7 万 hm²)的目标,这是海南莲雾产业新的机遇。

广东和云南等地也在大力引进莲雾新品种和新技术,莲雾产业发展的空间很大。广西的莲雾产业近年来发展也很快,由最初的钦州市、防城港市逐步扩大到南部的南宁市、桂林市、百色市等地区,种植面积超过 130 hm²(徐祥馨,2020)。

第二节　我国莲雾种质资源及开发利用

一、莲雾种质资源

莲雾按果实的颜色可分为粉红色、白色、青绿色、深红色等品种类型。

1. 深红色种莲雾

深红色种莲雾(图 2-3)在我国台湾地区栽培历史最久,是台湾早期的莲雾品种,在台湾被称为本地种莲雾。果形小,倒扁圆锥形,平均果长约4.4 cm,平均单果质量约为 44 g。果色深红色,果肉白色带淡红色,甜味低,稍带涩味。耐贮藏。

图 2-3　深红色种莲雾

2. 粉红色种莲雾

粉红色种莲雾(图 2-4)为台湾的主栽品种,俗称南洋莲雾。树形开张,枝粗。叶大而厚,长 21～25 cm,宽 7.0～8.6 cm,叶色浓绿。果淡红色,一般纵径和横径相近,果径约 6.4 cm,果顶宽约 6.2 cm,吊钟形,平均单果质量96.7 g,一般可溶性固形物含量平均约10%,最高可达 18%。早熟,丰产。

由于反季节果果皮的颜色为深红紫色,色泽暗红,反光看起来像发亮的珍珠,也称"黑珍珠"(图 2-5)。该品种是目前经济栽培的首推品种。高雄市六龟区果农以"疏果"及"套袋"技术培育出果实特大、果色深红带光泽、水分多、清甜爽口的莲雾"黑钻石"。为了与"黑钻石"相区分，将黑珍珠莲雾改良后的大型果种称为"黑金刚莲雾"。

图 2-4 粉红色种莲雾

图 2-5 黑珍珠

3. 白色种莲雾

白色种莲雾（图 2-6），俗称白莲雾、白壳仔莲雾、新市仔莲雾、翡翠莲雾。色泽乳白色或清白色。果型小，长倒圆锥形或长钟形，果肉乳白色，具清香略带酸味，果长约 5.0 cm，果顶宽约 4.4 cm，近果柄一端稍长，平均单果质量约 34 g。果型细小，产量较低，栽培不多。

4. 青绿色种莲雾

青绿色种莲雾（图 2-7），俗称 20 世纪莲雾、绿壳仔莲雾、香果莲雾、凸脐莲雾。色泽青绿色带光泽及蜡质，果型大，扁圆形，具特殊香气，果长约 5.1 cm，果顶宽约 5.4 cm，近果柄一端稍窄，果顶微凸，故又被称为"凸脐莲雾"，平均单果质量 59 g。果形似番石榴，因果肉薄、形色不佳、易落果、易长徒长枝，栽培不多。

图 2-6 白色种莲雾

图 2-7 青绿色种莲雾

5. 大果种莲雾

大果种莲雾(图 2-8)色泽深红色至暗深红色，果型较南洋种大，平整形或圆锥形，果皮具有明显隆纹。成熟时果脐 4 片果萼片小且分离，果肉密实，海绵体组织及果腔均小，果长约 6.9 cm，近果脐处果宽约 7.6 cm，果脐平或微凸，果宽常大于果长，平均单果质量约 160 g。因具果型大、色泽佳等特性，栽培面积持续增加。

6. 马六甲种莲雾

马六甲种(Malacca)莲雾(图 2-9)色泽呈乳白色，果形扁钟形，果型中小，果长约 4.9 cm，果顶宽约 5.4 cm，纵径较横径短，果皮表面上有明显隆纹，平均单果质量约 55.7 g。开花期短，果实水分含量高，经济栽培较少。

图 2-8　大果种莲雾

图 2-9　马六甲种莲雾

7. 泰国红宝石莲雾

泰国红宝石(Thub Thim Chan)莲雾(图 2-10)色泽深红色至暗红色，果肉扎实，海绵体较少，脆而多汁，果长约 10.1 cm，果宽约 6.2 cm，平均单果质量 130~250 g。2000 年自泰国引进，因外形酷似子弹而得名"子弹莲雾"，又名"导弹莲雾"，味甜但稍涩，肉近白色，产量少，价格高。

图 2-10　泰国红宝石莲雾

8. 印尼大果种莲雾

印尼大果种莲雾(图 2-11)是目前市面上果型最大的莲雾。果型硕大如巴掌，口感甜脆多汁，且具有蒲桃香气，又称为"巴掌莲雾"或"香水莲雾"。色泽在隆起部呈红色，平面部呈黄绿色或绿色。果实长钟形，果面具纹沟，果洼部有红斑，斑深且大，果柄端圆尖，果长约 10 cm，果宽约 9 cm，单果质量 250～350 g。

图 2-11　印尼大果种莲雾

9. 淡粉红色种莲雾

淡粉红色种莲雾(图 2-12)俗称斗笠莲雾。色泽淡粉红色，果长平均约 4.3 cm，果顶宽约 4.7 cm，纵径比横径短，故称"斗笠莲雾"。内常含种子 1～2 粒。中熟品种，平均单果质量约 38 g。因形色不佳，无经济栽培价值。

10. 羊脂白莲雾

羊脂白莲雾(图 2-13)生长势强，植株开张，圆头形树形。叶长椭圆形。纯花芽或复合花芽顶生或腋生。果实梨形，果面白色，色泽通透，果面光滑有蜡质。果实空腔小或无，海绵质少，肉质爽脆，汁多，味清甜，裂果率低。平均单果质量 136.25 g，可溶性固形物含量 11.28%。无籽。

图 2-12　淡粉红色种莲雾

图 2-13　羊脂白莲雾

11. 紫红莲雾

该品种(图2-14)果实紫红色,果面有棱状突起,果长80～100 mm,钟形,单果质量110～150 g。可溶性固形物含量10%～12%,味清甜,具清香味。果实中腔小或无,海绵质少,肉质爽脆。为福建省推广品种。

12. 大叶莲雾

大叶莲雾(图2-15)引自马来西亚,在原产地又名"寒水翁"。植株生长势旺盛,树形为自然开张形,枝条平展较脆,易折断。果鲜红色,果面稍具隆纹,果实空腔较大,海绵组织较多,肉较硬脆,具有淡淡的香气,但口感稍差。平均单果质量113.64 g,可溶性固形物含量7%～8%。常含2～3粒种子。耐寒性强。

图2-14 紫红莲雾

图2-15 大叶莲雾

二、莲雾种质资源的开发利用

我国台湾地区的莲雾种质资源开发利用程度高,大陆地区目前的主要工作在引种方面,对种质资源深入研究很少。已开展的工作如采用同工酶方法(王家保等,2004)、ISSR技术(何桥等,2005)等技术鉴定莲雾资源的亲缘关系。

应加强莲雾各品种生态学习性、生物学习性及栽培技术的研究,深入研究莲雾栽培品种、野生种及近缘种之间的亲缘关系，为培育优良品种提供理论基础与技术支撑。应尽快选育出适合当地种植的莲雾品种，同时发展种苗的快繁技术，促进莲雾产业发展。

第三节　苗木繁育

莲雾育苗有实生、高空压条、扦插、嫁接和组织培养 5 种方式，生产上主要采用高空压条育苗、扦插育苗和嫁接育苗。我国莲雾引进初期，由于种苗紧缺，常采用高空压条、扦插进行育苗，由于这 2 种方法繁育出的苗木无主根，适应性和抗逆性均较差，且耗费材料较多，目前生产上主要采用嫁接育苗，该方法繁育的苗木主、须根均发达，对土壤、环境的适应性强，种植后生长快速，抗逆性好，且易早结丰产。

一、高空压条育苗

高空压条育苗，又叫空中压条育苗，一年四季均可进行，通常最宜在每年 6～8 月高温多雨季节进行。压条应从品种纯正、品质优良、生长势壮旺、无病虫害的莲雾果树上选取，选择 3 年生以上、直径 2～3 cm 的健壮枝条。压条时，在选定的枝条上取平直的部位用小刀在上、下各环切 1 刀，深度达木质部，上下切口宽约 3 cm，将皮剥去后，再用刀背刮净残留的形成层，然后包裹促根介质。

促根介质可用土壤、泥炭土、腐殖质、椰糠、木屑、切碎的杂草等，选择其中 1 种或几种按一定的比例混合后湿润成泥团，包裹于压条剥口处，再用聚乙烯薄膜包扎保湿，上下两端用绳子缚紧。1 个月后可见有新根在剥皮处上端长出，2～3 个月就可剪下假植或移植到大田中。

二、扦插育苗

莲雾扦插育苗具有操作简便、育苗时间短、繁殖系数高等特点，插穗从扦插至长成完整植株只需 30 d 左右。要提高插穗成活率，需注意做好以下 3 点。

1. 材料准备及处理

选择生长健壮、无病斑、无机械损伤、芽眼饱满、叶片浓绿的当年生、枝梢转绿但未变褐的半木质化枝梢作为扦插材料。将枝条剪成长 10～15 cm

的小段，每根插条带 1 对复叶，叶芽上端留 1～2 cm。为减少枝条水分蒸发，每张叶片要剪去1/2。最后用50％的多菌灵1 000倍液或70％的甲基托布津浸泡 5～10 min，以封闭伤口、防止感染，浸泡后用清水漂洗干净，用湿毛巾包裹或湿河沙沙藏保湿备用。

2. 基质选配及准备

扦插基质的水分、氧气及养分含量对插穗生长十分重要，因此以选择排水、保湿、透气良好及富含养分的基质为宜。可选用"田园土：锯末屑＝1：1"、"河沙：锯末屑：田园土：牛粪＝1：1：1：1"等配方基质。扦插槽可用砖块砌成，长宽以方便操作为宜。向槽内铺填厚约 10～12 cm 的基质，将基质浇透水。为减少水分蒸发，扦插床可用遮阴网遮阴。

3. 使用植物生长调节剂

莲雾虽然属于扦插易成活树种，但用生长调节剂处理插穗能显著提高发根成活率。需要注意的是，要准确把握生长调节剂的使用浓度，浓度低了起不到促进效果，浓度高了则适得其反。可选用的植物生长调节剂有吲哚乙酸（IAA）、吲哚丁酸（IBA）、萘乙酸（NAA）等，其中 IAA 的浓度为 150 mg/L、IBA 的浓度为 200 mg/L 左右、NAA 的浓度为 150 mg/L 时促进效果最佳。使用时将插穗形态学下端 1/3 长度浸泡在配好的调节剂中，浸泡时间为 3～10 min，晾干后即可插用。

扦插繁殖方式有绿枝扦插和硬枝扦插。陆玉英等（2006）研究了绿枝扦插，试验在自动喷水大棚内进行，利用莲雾一叶一芽（1 对复叶）扦插，通过叶面喷施生物型营养液，扦插后 10 d 左右即可生根，发根成苗率达 95％以上，省料省工、繁殖系数高。所繁育的苗木根系发达、抗性强、育苗时间短，从扦插至长成完整植株仅需 30 d 左右，移植到大田培育 6 个月左右即可达到出圃规格，大大缩短了育苗时间。王令霞等（2004）利用生根粉 2 号、IBA、NAA 和某品牌生根粉等处理莲雾插条，扦插后观察其生根成活情况，发现用某品牌生根粉处理的生根率高达 76.67％，一、二轮根数分别达到 8.53 条和 27.67 条，根量多且发根早。

三、嫁接育苗

1. 砧木苗培育

（1）种子采集。种子应来自丰产、籽多的莲雾优良母株，待果实充分成熟后采下，破除果肉取出种子。种子取出后洗净，浮去不实粒，晾干，以塑料袋密封贮藏。

（2）苗床准备。苗圃应选在交通便利、排灌方便、土壤疏松肥沃的平地上。对苗地进行深翻、耙碎、起畦，做成面宽1.2 m、沟宽0.5 m的苗床，长度以方便管理为宜。施腐熟的有机肥，如鸡粪、猪粪、牛粪等，充分耙匀、平整，再喷施1.0%的高锰酸钾溶液杀菌消毒。

（3）播种时期及方法。莲雾种子采后经1～2个月贮存后熟，可提高种子发芽率。在珠江三角洲地区，一般可在8～9月播种，过迟播种易受寒害造成死苗；在海南一般可在6～9月播种。播种前先浸种可以提高种子的发芽率，可用0.1%的GA_3溶液浸种6～8 h，待种子晾干后播在苗床上，用河沙或火烧土覆盖，再铺1层稻草，充分淋水，经常保持湿润。淋水应掌握"不干不浇"的原则，防止水分过多。

（4）播后管理。播种后约1周种子开始发芽，此时开始揭草，以免小苗压弯变细。如果气温太高要搭盖遮阴网，寒流来临前搭好拱棚防寒。

（5）移栽。当幼苗达到5～6 cm高时即可移栽。如8～9月播种，一般在翌年3月左右移苗。苗可按大、中、小分级移植到嫁接畦上或直接装到营养袋中培育，畦上移植时株行距为20 cm×25 cm。移苗时应选择在阴天进行，移栽前先浇透水以便起苗，移栽后马上浇足水，成活1个月左右应追施稀薄水肥。

2. 嫁接苗培育

（1）嫁接时间。嫁接时间对嫁接成活率有重要的影响。莲雾嫁接虽可在全年进行，但以每年春、秋季节的3～5月、9～10月嫁接成活率较高。嫁接时应选择无风的晴天进行。

（2）接穗准备。在丰产、稳产、品质优良、品种纯正的莲雾母本树上，剪取生长健壮、已木质化的1年生枝条作接穗。接穗采后剪除叶片，用湿毛巾包裹保湿备用。

（3）嫁接方法。莲雾嫁接常用切接法。具体方法是：在离地面20～30 cm处，选砧皮厚、光滑、纹理顺的地方剪除砧木，在剪口下方2～3 cm处，用刀与砧木成45°向上斜削一刀，形成接面备接。在离接穗下端2～3 cm处，用刀与接穗成45°向下斜削一刀，削面长宽与砧木接面长宽相对应。把削好的接穗与砧木形成层对准靠紧，立刻用韧而薄的塑料带自下而上包扎紧接口。要求嫁接刀要锋利，切口要平滑，动作要快，接口对得要准，包扎要紧、要密封。

（4）嫁接后的管理。嫁接后要勤浇水，不要摇动接口。一般嫁接2～4周后就能成活，此时注意检查接穗萌芽情况，及时挑芽，以便接穗抽芽生长。经常抹除砧木上所抽生的不定芽，使养分集中供应接穗生长。嫁接口需要充分愈合后才能解绑，不宜过早。

（5）苗木出圃。嫁接苗出圃一般要求苗高40 cm以上，茎粗1 cm，接穗抽生 2 次以上梢，梢老熟后出圃较适宜。采用育苗袋育苗可省去出圃时起苗的麻烦。

如果不是采用育苗袋育苗，在春季移栽可不带土起苗，挖苗时事先浇透水，使土壤湿润疏松，尽量不要伤着根系，起苗后剪去过长的根，然后在事先准备的泥浆盆里蘸上泥浆护根，打好包放在阴凉处；在其他季节采用带土起苗，最好在阴天进行，用起苗器起苗，保留直径 15 cm、高 20 cm 以上的圆柱形土团，打好包备栽。

四、组织培养育苗

莲雾组织培养，又叫离体培养，指通过无菌操作对莲雾茎段、叶片等外植体，在人工控制条件下进行培养以获得再生的完整植株的技术。张爱加等(2005)以莲雾未萌发带顶芽茎段为材料研究了莲雾组织培养和快速繁殖技术，结果表明：莲雾组织培养的基本培养基为 WPM(woody plant medium)，带顶芽茎段诱导芽的适宜培养基为 WPM＋0.5 mg/L 的 6-BA＋0.02 mg/L 的 NAA，通过腋芽增殖途径的适宜培养基为 WPM＋0.8 mg/L 的 6-BA＋0.4 mg/L 的 IBA，壮苗适宜培养基为 WPM＋0.2 mg/L 的 6-BA＋0.4 mg/L 的 IBA，生根适宜培养基为 1/2WPM＋0.5 mg/L 的 NAA＋0.2 mg/L 的 IAA。组培苗驯化移栽的成活率达 90％以上。张爱加等(2006)还对莲雾组培苗幼态扦插育苗技术进行了研究，该技术利用组培苗幼态的顶梢和萌芽条作插穗培育扦插苗，作为组培快繁的配套技术，能提高繁殖率，降低育苗成本。幼态扦插生根成活率达 80％以上。目前，生产上莲雾组织培养技术育苗仍处于探索阶段。

第四节　莲雾优质、丰产、高效栽培技术

一、莲雾建园

(一)品种选择

以台湾改良品种黑珍珠、黑金刚、黑钻石等为主，可选种泰国改良的大红品种子弹莲雾、大叶红莲雾，以及印尼大果种巴掌莲雾等。

(二)园地选择

莲雾为热带型常绿果树，性喜温怕寒，最适生长温度在 25～30℃，忌冬

天霜冻。园地应选择建在热带、亚热带冬季无霜害的地区。

莲雾对土壤的要求不严，能适应多种土壤类型，但宜选择土层深厚、疏松肥沃、排灌方便、背风的地块进行栽植。

(三)果园的规划及种植

1. 园地的规划

面积大的莲雾园(图 2-16)在种植前需要经过仔细规划，结合地形综合考虑种植小区的面积、分布，主、支路的布置，灌溉、排水、施药、水肥系统的设置以及建筑物的规划。地势开阔、向风的园地需要栽植速生、深根性防风林带来减少风害(图 2-17)。丘陵以及坡度较大的山地应修筑等高水平梯田以便栽培管理和水土保持。

图 2-16　莲雾园(李新国 摄)

图 2-17　栽植有防风林带的莲雾园(龙兴 提供)

2. 定植

(1)种植密度。莲雾树为常绿乔木,枝叶茂盛生长迅速,以较宽的株行距栽植为宜,一般选择株行距为 6 m×7 m,每公顷栽植 240 株。也可选择 5 m×6 m、6 m×6 m、7 m×7 m 等株行距栽植。

(2)定植时间。一般在春季或秋季定植,在海南等冬季气温高的地区,如果具备灌溉条件,一年四季均可进行栽植。栽植应在幼苗末次梢老熟后、新梢萌发前进行,以提高抗旱能力并利于成活。

(3)栽植。挖长宽深约 1 m 的定植穴,每穴施腐熟农家肥 30 kg、钙镁磷肥 1 kg,肥料与坑土拌匀后填入穴内,然后将莲雾袋装苗栽于穴中央,回填土至苗根颈部 2 cm 以上,将盖土压实形成稍高出地面的土墩,浇足定根水。晴天每隔 2 d 浇 1 次水,直至成活。

二、幼龄树的栽培管理

果树从苗木定植到第 1 次结果的阶段叫幼树期,从初次结果到大量结果前为初果期。幼树期和初果期树均以营养生长为主,管理目标应定在促进根系生长和培养生长健壮、分布均匀的主干枝上,以期缩短幼龄树阶段,为早结丰产奠定良好的基础。

1. 合理排灌

莲雾性喜湿润的土壤环境,园区应有完备的灌溉系统,勤浇灌以保持土壤湿润;可在树盘覆盖茅草、秸秆保湿。遇暴雨天注意开沟排涝,防止树盘积水。

2. 科学施肥

莲雾生长需肥量较大,1~2 年生树一般每年株施氮、磷、钾肥各 400~600 g,3~4 年生树施肥量加倍,氮、磷、钾比例为 1:1:1。幼龄树以营养生长为主,在枝梢快速生长时期施肥 3~4 次。

3. 整形修剪

整形修剪(图 2-18)的目的在于形成主侧枝组分布均匀、通风透光、便于管理、丰产稳产的树冠。在主干离地 40~60 cm 处剪顶,选留 3~4 枝生长健壮、分布均匀的枝条作为主枝,留 1~2 条主枝上抽生的新梢作为侧枝。通过拉枝、修剪、抹梢等方法使果树形成半圆球形开张的树冠。修剪主要剪除病虫枝、交叉枝、直立徒长枝以及主枝上萌生的过密枝,使果树枝条分布均匀,营养畅通,且便于套袋、采摘等作业。修剪一般在采果后新梢萌发之前进行。

图 2-18　莲雾整形修剪(周双云 摄)

三、结果树的栽培管理

(一)施肥管理

莲雾生长快，花果量大，需肥量相应较大，施肥时应将长效基肥与速效追肥相结合。结果树一般每年施肥 3～5 次，施肥时期一般在采果后、抽梢期、开花前和挂果期。总的原则是：长梢、开花、结果均需施肥，以补充所需营养。3～4 年生树年株施氮、磷、钾肥各 0.7～1 kg，5～6 年生树年株施氮、磷、钾肥各 1～1.2 kg，7～8 年生树年株施氮、磷、钾肥各 1.3～1.8 kg，9～10 年生树年株施氮、磷、钾肥各 1.5～2.0 kg。

主要采用目标产量法确定施肥量。该法是根据每株果树每年的目标产量所需的养分来计算施肥量。公式为

$$土壤施肥量 = \frac{目标产量所需养分量 - 土壤提供养分量}{肥料中有效养分含量 \times 肥料当季利用率}$$

目标产量所需的养分量及比例可以通过测量植株叶片营养比例和果实所含营养元素的量求得，其比例及含量因不同树龄而异(表 2-2)。

表 2-2　各树龄莲雾年株施肥标准

树龄/年	肥料三要素/(g/株)			肥料/(g/株)		
	氮	磷	钾	尿素	过磷酸钙	硫酸钾
1～2	60	60	60	150	330	120
3～4	120	120	120	300	660	240
5～6	200	120	200	500	660	400

续表

树龄/年	肥料三要素/(g/株)			肥料/(g/株)		
	氮	磷	钾	尿素	过磷酸钙	硫酸钾
7～8	250	140	250	600	770	500
9～10	300	180	300	750	990	600
11 以上	400	200	400	1 000	1 100	800

不同肥料有效养分含量可由使用的肥料的包装或说明中查得，而不同肥料当季利用率存在差异(表 2-3)。

表 2-3　不同肥料的当季利用率

肥料名称	利用率/%	肥料名称	利用率/%	肥料名称	利用率/%
一般圈粪	20～30	氨水	40～50	过磷酸钙	20～25
土圈粪	20	硫酸铵	50～60	钙镁磷肥	20～25
堆沤肥	25～30	硝酸铵	50～65	磷矿粉	10
坑肥	30～40	氯化铵	40～50	硫酸钾	50
人粪尿	40～60	碳铵	55	氯化钾	50
新鲜绿肥	30～40	尿素	40～50	草木灰	30～40

莲雾 7～10 月催花前所施的氮、磷、钾肥应占全年用量的 50%，另外此次施肥每株加施腐熟的有机肥 20～30 kg；11 月至翌年 5 月，花果期分次施全年用量 50% 的氮肥，全年用量 25% 的磷、钾肥；6～7 月采果后施全年用量 25% 的磷、钾肥，并施腐熟农家肥 20 kg。在结果期间，通过叶面喷施补充钙、镁、锰、锌、铜、硼、钼等微量元素，特别是补充钙、镁、硼，对莲雾果实的品质影响很大。

(二)水分管理

莲雾枝叶茂盛，叶面宽大，性喜湿润生长环境。除了在催花前的控梢期让果园保持干旱，以利于控制营养生长促进花芽分化外，其他时期均需要水分充足。梢期保持水分充足，有利于枝梢生长，树冠扩大；花果期水分供应充足有利于防止落花和促进果实增大。特别是果期应注意灌水保持园地湿润，避免干湿变化过大或久旱遇雨引起大量落果、裂果。

(三)结果树修剪

依据不同的修剪程度，结果树修剪分为轻度修剪、中度修剪和重度修剪。轻度修剪的方法是：采果后任其生长，在每年的 4～6 月进行轻微修剪，仅剪去过密枝、弱枝及病虫枝，使叶片小幅度更新，树冠继续扩大。此方法适于初果期果树的修剪。中度修剪的方法是：在每年的 3～5 月进行修剪，除将过密枝、徒长枝、病虫枝自基部剪除，改善日照通风外，还要剪除大约一半的叶片，使树冠较大程度地更新。重度修剪的方法：在每年的 2 月左右进行强修剪，全株去叶及剪去徒长枝、弱枝和病虫枝，使树冠重新更新。

(四)控梢促花

正常情况下，莲雾 3～5 月开花，5～7 月果熟。为避免果期风雨危害并错开夏季水果集中上市，可通过产期调节把花期调到 10 月～翌年 1 月，从而把果实成熟期调到 12 月～翌年 4 月。冬季成熟的果实品质更好、颜色更深，还可以延长市场供应期。控梢的目的是抑制营养生长，促使果树花芽分化。目前生产上常用的控梢手段有环剥、断根、浸水、遮光等。

1. 环剥

催花前 35～45 d，在主干或支干上进行环剥，剥口应深达木质部，但不要刻伤木质部。环剥口宽度依树势的强弱在 1.5～2.5 cm 之间调整，以催花时刚好愈合为佳。

2. 断根

对生长比较旺盛的树体，于催花前 2～3 周在环树冠内缘 30～40 cm 处或在树冠两侧挖深 20～30 cm 的沟，以切断部分吸收根系(图 2-19)。1～2 周后在此沟里施有机基肥，再将土填回沟中。弱树避免使用此法。

图 2-19　莲雾断根处理(梁广勤，2015)

3. 浸水

一般在催花前 1.5～2 个月进行，全园浸水(图 2-20)，每浸 3 周放水 2～3 d，再重复 1 次浸水。浸水期间，结合从叶面补充有机营养、磷钾肥及微量元素，保持树体营养，这对下一步催花成花有利。浸水法适宜在低洼的水田或引水方便的园地使用。

图 2-20　泰国莲雾种植园浸水（梁广勤，2015）

4. 遮光

遮光的方式有单株包覆（图 2-21）、覆盖树顶、全面覆盖及围盖四周等 4 种。通常在催花前 30～45 d，一般选择遮光度为 95％或 90％的遮阴网进行遮光覆盖，在催花前揭开。此法抑制营养生长效果好，催花成功率高，但生产投入较大，耗费劳力，盖后也容易引起落叶，一旦催花不成功，则很难再次采取药剂催花措施。还可用防虫网全园覆盖（图 2-22），也能起到一定的催花效果。

图 2-21　莲雾单株包覆（李新国 摄）

图 2-22　防虫网全园覆盖莲雾园（李新国 摄）

5. 综合措施

采取上述单项方法控制营养生长，效果往往不理想。生产上一般选择以上 1 项或几项措施结合喷施药物进行控梢。控梢时期选择在末次梢老熟后，先喷施 1 次比久、多效唑、烯效唑、乙烯利等药物，3～5 d 后进行环剥，环剥口在催花前闭合的，可再环割 1 刀。喷施药物控梢一般 10～15 d 喷施 1 次，直到叶面老化和顶部新梢不再萌发为止。控梢 45～50 d 后，叶片退绿且变脆、枝梢养分积累充足时即可进行催花。

（五）催花

控梢 45～50 d 后，观察莲雾树体的特征，当树体枝梢末端无新芽萌动，成熟叶片叶色浓郁较暗，叶片肥厚，叶缘向上微翘时，可进行催花。

催花常用 50％的速灭松乳油 300 倍液、47％的乐斯本或 50％的杀螟硫磷乳剂稀释 300～400 倍液，加 0.5％的尿素水溶液，再加细胞分裂素 800～1 000 倍液，进行全园喷雾，喷透全树，以喷湿叶片、水滴欲滴而不滴为度。

喷药后全园进行充分灌水，保持园土湿润。3～5 d 后进行轻度修剪，剪除徒长枝顶端和树冠内的一些较密枝，通过灌水和修剪促使植株萌动。若催花有效，催花处理后 20 d 左右即可长出花芽。催花宜在天气晴朗的白天进行。若催花后遇台风、暴雨或阴雨等不良天气，催花效果不理想，则应及时采取同样的措施再补催 1 次。长出的三角形状芽，白色的为花芽，红色的为叶芽。

（六）疏花疏果

莲雾花果量大，4～5 年生树正常的花穗在 1 000～2 000 穗，每穗的花蕾在 11～21 枚。为保证商品果实的质量，减少不必要的养分消耗，生产上一般每树选留花穗 200 穗左右，每穗留花蕾 6～8 枚。

疏花疏果具体应做到以下 5 点：①尽量选留大枝干上带 1～2 对叶的花穗及幼果，摘除枝条顶端的花穗及幼果。②尽量留向下或两侧的花穗，摘除向上的花穗，以免将来果实长大后果梗不堪重负。③摘除过密的花穗，使花穗在树上均匀分布，各花穗间的距离以大于 15 cm 为宜。④每花穗选留 6～8 枚花蕾，大的花穗摘除中间过密的花蕾，留两侧的花蕾，使花蕾间有足够的空间。⑤谢花坐果后再进行适当疏果，疏除小果、劣果。

(七)果实套袋

莲雾果实套袋能有效防止病虫害的侵袭和鸟类啄食，减少农药污染及残留，减少日晒、雨淋、机械损伤等外界伤害，能明显改善果实的品质。套袋宜选择透气、耐雨水或药剂淋湿、下端有排水孔的白色纸袋，最好带透明观察窗口，方便采收时观察果实的成熟度。

套袋一般在幼果期进行，大约在谢花后 20 d 左右。套袋前先全园仔细喷药防治病虫害，待药液风干后马上进行套袋。套袋时结合疏果，每个纸袋留 4～6 个果为宜。套袋时果穗上方的第 1 对叶片不要套入袋内，以免影响果实的甜度和颜色。套袋后将袋口用铁线旋紧，以避免水分进入及病虫侵入袋内为害。

(八)落果裂果的防控

莲雾结果量大，果实生长速度快，树体营养跟不上时容易引起果实掉落。为了防止落果，除正常施肥外，在果实发育期间可以通过叶面喷肥补充包括微量元素在内的各种营养。

(1)开花消耗大量营养，此时在叶面喷施细胞分裂素 500 倍液＋花果核能 1 000 倍液＋氨基酸 600～1 000 倍液＋芸苔素内酯 1 500 倍液，连续喷 2～3 次，每隔 7～10 d 喷 1 次。

(2)在果实为铃铛形时，叶面喷 1 次 3%的赤霉酸 1 000 倍液＋细胞分裂素 1 000 倍液＋花果核能 1 000 倍液。

(3)当果实红头时，叶面喷施花果核能 1 000 倍液＋核苷酸 3 000 倍液，连续喷 3 次，每隔 3～5 d 喷 1 次。

莲雾果实发育期间应定期灌水，保持园土湿润，保证水分供应充足。当果实转红时，适当减少水分供应，直至果实成熟。如果遇大雨或连续阴雨天气，可在树干或主枝上环割 1 刀，及时控制树体对水分的吸收，避免果实吸收过多水分而导致落果裂果。

(九)果园间作

莲雾园间作柱花草、平托落花生和爪哇葛藤等牧草，可以提高莲雾果实的可溶性固形物含量、还原糖含量和固酸比，提高土壤的有机质、全氮、碱解氮、全磷、有效磷及速效钾含量，改善土壤的物理性状和果园微环境（臧小平等，2017）。

四、病虫害防控

莲雾病虫害防控应坚持贯彻"预防为主、综合防治"的植保方针。应加强病虫害的预测、预报工作，争取治早、治小，避免病害流行和虫害暴发。综合运用各种防治措施进行防控，以农业防治为基础，根据病虫害的发生、发展规律，综合利用物理、生物和化学手段控制病虫为害。在防治过程中，合理使用农药，尽量选用低毒高效、专性治疗的农药，减少农药对环境的污染；循环交替使用多种具有防治功能的农药，避免病虫产生抗药性。最终达到莲雾的无公害、绿色食品生产标准，实现产业的可持续发展。

（一）主要病害及其防控

莲雾的病害主要有炭疽病、疫霉果腐病、黑腐病、根霉果腐病、藻斑病、煤烟病、细菌性果腐病等。

1. 炭疽病

（1）病症。莲雾炭疽病主要为害果实（图 2-23），也可为害叶片和枝条。受害果实初期表现为退色小病斑，向内凹陷，后期病斑呈褐色水渍状。病斑上产生分生孢子，孢子聚集时呈现粉红色或橙色，有时会出现同心轮纹，发病末期数个病斑连合，造成果实严重腐烂。枝条或叶片受害时，枝条表皮由绿色转成褐色斑点，叶片组织坏死，呈灰白色，中央暗褐色，边缘褐色，其上偶有白色粉块，为病菌的分生孢子堆。

图 2-23　莲雾炭疽病果实症状（周双云 摄）

(2)病原菌。莲雾炭疽病的病原菌是胶胞炭疽菌（*Colletotrichum gloeosporioides* Penz），属半知菌亚门黑盘孢目腔胞纲炭疽菌属真菌。有性世代为围小丛壳［*Glomerella cingulata*（Stonem）Paukd et Schrenk］，属子囊菌亚门球壳菌目真菌。

(3)侵染循环。无性和有性世代，皆可为害莲雾。分生孢子借风雨传播，落到果实表面后，在温、湿度适宜时，孢子即发芽形成芽管侵入表皮，可感染任何发育期的果实。若果实成熟或近成熟，则很快在果实上形成病斑。若侵染未成熟果，则一直到果实成熟后潜伏的病菌才生长造成病斑。病果与无病果因互相靠近而形成通风不良或湿度大的环境时，病斑会快速扩大，有利于分生孢子新的感染。

子囊壳着生在枝条表皮、叶片、枯叶及落果上，可在枯枝条或枯叶上残存越冬。子囊壳遇水释放子囊，再释出子囊孢子，子囊孢子借雨水散播造成新的感染。莲雾果实受感染后易脱落，果实落到地上，成为越冬或新感染源，适当环境下再度侵入叶片及果实。

(4)防治方法。用 25％的咪鲜胺锰盐可湿性粉剂 2 000 倍液或 80％的代森锰锌可湿性粉剂 600 倍液或 50％的甲基托布津可湿性粉剂 600 倍液喷雾。发病期每隔 5～7 d 喷 1 次，连续喷 2～3 次。采收前 10 d 停止用药。

2. 疫霉果腐病

(1)病症。莲雾疫霉果腐病主要为害果实(图 2-24)，病情初期果实表皮退色，红色或粉红色消失，病斑处转成淡黄褐色，病斑不凹陷，具有酸味。病情后期果面出现白色菌丝，为疫霉菌丝及孢子囊，2～3 d 即可造成全果腐烂。

图 2-24　莲雾疫霉果腐病症状(周双云 摄)

(2)病原。病原有 2 种，分别为棕榈疫霉［*Phytophthora palmivora*（Butler）Butler］和柑橘褐腐疫霉（*Phytophthora citricola* Sawada），均属于鞭毛菌真菌亚门卵菌纲疫霉属真菌。

（3）传播途径：病菌可生存于土壤并以厚垣孢子形态存在，遇雨水或灌溉水萌发，形成游动孢子囊，直接感染健康果实，也可由游动孢子侵入。游动孢子从游动孢子囊内释放，经由雨水飞溅到果实表面，再发芽侵入，也可借附着于果蝇的表面而被携带至果实上为害。施用牛粪等有机肥可延长疫病菌在果园中的存活期限。

（4）防治方法。用50%的烯酰吗啉可湿性粉剂2 000倍液或58%的甲霜灵锰锌400倍液或50%的氟吗·锰锌可湿性粉剂2 000倍液喷雾。发病期每7 d喷1次，连喷2～3次。采收前10 d停止用药。

3. 黑腐病

（1）病症。由于果皮受伤，莲雾黑腐病病菌由伤口入侵，并呈现水渍状淡褐色病斑，后病斑扩大并向内部侵入。此时果皮下陷，病斑表面长出灰白色菌丝，很快转变成墨绿色霉层。病部果皮腐烂，果肉变质味苦，不能食用。此病的外部症状明显（图2-25），病菌由果皮侵入果肉，引起全果腐烂。

图2-25　莲雾黑腐病果实症状（周双云 摄）

（2）病原菌。莲雾黑腐病的病原菌为可可球二孢菌［*Botydiplodia theobromae* Pat.，异名 *Lasiodia theobromae*（Pat.）Criff. et Maubl.］，属半知菌亚门腔孢纲球壳孢目球二胞属真菌。有性世代为柑橘葡萄座腔菌［*Botryosphaeria rhodina*（Cke.）Arx.］，属子囊菌葡萄座腔菌属。分生孢子为纺锤至椭圆形，双胞，初期孢子无色，后期转褐黑色，表面有纵纹，呈褐色，大小为30～32μm×15～16μm。

（3）传播途径。由病斑表面释出分生孢子，借雨及风力飞散而传播。

（4）防治方法。用58%的甲霜灵锰锌400倍液或80%的代森锰锌可湿性粉剂600倍液或50%的DT杀菌剂500倍液喷雾。发病期每隔5～7 d喷1次，连喷2～3次。采收前10 d停止用药。

4. 根霉果腐病

(1)病症。莲雾根霉果腐病主要为害成熟果实(图 2-26),果实受害初期表面会有白色菌丝,后期菌丝顶端产生黑色孢囊,菌丝转为灰黑色,黑色孢囊中可释出大量黑色粉状孢囊孢子。病果容易脱落。

图 2-26　莲雾根霉果腐病果实症状(周双云 摄)

(2)病原菌。接合菌亚门根霉属真菌(*Rhizopus* sp.)。

(3)传播途径。病菌由果实表皮伤口侵入,引起受害组织变成灰褐色,并形成大量菌丝及孢囊,孢囊孢子借风力飞散传播。果园不通风时,易引起该病蔓延。

(4)防治方法。用 50%的腐霉利可湿性粉剂 1 000 倍液或 50%的异菌脲可湿性粉剂 1 000 倍液喷雾。发病期每隔 6 d 喷 1 次,连喷 2~3 次。采收前10 d 停止用药。

5. 藻斑病

(1)病症。莲雾藻斑病为害莲雾叶片(图 2-27),植株染病后叶面出现灰白或黄褐色小圆点,后期病斑呈暗褐色,表面较平滑。

(2)病原体。寄生性绿藻。

(3)侵染途径。病原以丝状体和孢子囊在寄主的病叶和落叶上越冬。翌年春季在越冬部位产生孢子囊和游动孢子,借雨水传播,以芽管由气孔侵入,吸收寄主营养而形成丝状营养体。丝状营养体在叶片角质层和表皮之间繁殖,后穿过角质层在叶片表面由一中心点做辐射状蔓延。病斑再产孢子囊和游动孢子辗转传播、为害。

(4)防治方法。适时修剪,并喷施 0.6%~0.7%的石灰半量式波尔多液。

图 2-27　莲雾藻斑病叶片症状(周双云 摄)

6. 煤烟病

(1)病症。莲雾煤烟病主要为害莲雾叶片(图 2-28)及嫩枝条，偶尔为害果实。粉介壳虫、蓟马、蚜虫等小型昆虫为害莲雾果实后，在果柄处或果苞附近附着蜜露，病菌便在蜜露上扩展生长，形成 1 层黑色覆盖物。病菌在叶表面形成的黑色覆盖物影响叶片的光合作用，发生严重时，莲雾生长受抑制，花芽或新芽抽出困难。

图 2-28　莲雾煤烟病叶片症状(周双云 摄)

(2)防治方法。煤烟病是害虫为害所诱发的，因此防治此病应结合防治各种虫害。

7. 细菌性果腐病

(1)病症。莲雾细菌性果腐病一般发生在成熟果实或接近成熟的果实上，在幼果、中果期没有发现。病症大多出现在果实伤口或裂开的地方，初期呈水渍状暗绿色斑，后全果软腐，具恶臭，果皮变白，干缩后脱落或挂在枝上或掉落在套袋里。后期整个病果干枯皱缩，呈木乃伊化。

(2)病原菌。细菌。

（3）防治方法。用72％的农用链霉素4 000倍液或50％的DT杀菌剂500倍液喷雾。发病期每隔5～7 d喷1次，连喷2～3次。采收前6 d停止用药。

(二)主要害虫及其综合防控

莲雾的害虫主要有金龟子、红蜘蛛、果实蝇、蓟马、卷叶蛾、介壳虫、毒蛾、小绿叶蝉、粉虱等。有些害虫可进行农业防治、物理防治及生物防治，如利用天敌防治、松土灭蛹、人工捕捉以及诱杀等。

1. 金龟子

1）为害情形。为害莲雾的金龟子主要有赤脚铜龟、青铜金龟和棕色鳃金龟。1年发生1代，每年5～11月成虫飞来食害莲雾幼叶(图2-29)及嫩梢，多在夜间取食，次晨飞离寄生植物，以7～8月为害最重。成虫产卵于土表或堆肥中，孵化后幼虫在土中摄取腐殖质生活或为害植物根部。在成虫发生季节常成群迁入果园为害，严重时可将花蕾、花及叶片啃光。以成虫在土中越冬，4月上旬成虫开始出现，4月中旬为出土高峰期。

图2-29 金龟子为害莲雾叶片症状(周双云 摄)

2）防治方法。

（1）农业防治。不施未腐熟的农家肥。对未腐熟的肥料进行无害化处理，以杀灭其中的卵、蛹、虫。

（2）物理防治。①人工捕杀成虫。利用金龟子的假死性，傍晚在树盘下铺1块塑料布，摇动树枝，迅速将震落在塑料布上的金龟子收集起来进行人工捕杀。②光诱杀。金龟子具有较强的趋光性，可在园内安装黑光灯、紫外灯或白炽灯，灯下放置水桶，使诱来的金龟子掉落在水中，然后进行捕杀。

（3）生物防治。金龟子的幼虫、成虫都可能是一些动物或者天敌的食物，能以生物防治的情况下，尽量用生物防治。也可用白僵菌、苏云金杆菌等生物源低毒农药进行防治。

（4）化学防治。①药剂处理树盘。4月中旬，于金龟子出土高峰期用50%的辛硫磷乳油或40%的乐斯本乳油等有机磷农药200倍液喷洒树盘土壤，能杀死大量出土成虫。②撒毒饵毒杀成虫。于4月成虫出土为害期，用4.5%的高效氯氰菊酯乳油100倍液拌菠菜叶作为毒饵，撒于果树树冠下毒杀成虫，密度为3～4片/m²，连续撒5～7 d。③喷药防治。在金龟子为害盛期，用4.5%的高效氯氰菊酯乳油1 500倍液或48%的乐斯本乳油1 000倍液于花前、花后喷药防治。因金龟子主要在傍晚和夜间为害，喷药时间应在下午4点以后。

2. 红蜘蛛

（1）为害情形。红蜘蛛用刺吸式口器刺吸莲雾的叶片、嫩枝、花蕾及果实等器官的绿色组织，但以叶片受害最为严重。叶片被害后，较轻的产生许多灰白色小点，严重时整片叶子都出现灰白色，引起落叶，对莲雾树的树势与产量有较大的影响。

（2）防治方法。可用晶体石硫合剂200～300倍液或20%的甲氯吡酯乳油2 000倍液或20%的四螨嗪乳油1 500～2 000倍液或73%的炔螨特乳油2 000～3 000倍液喷雾。虫害发生时，每隔7～10 d喷药1次，连续喷施2次。采收前15 d停止用药。

3. 果实蝇

1）为害情形。果实蝇飞翔灵活，体形似蜂，故也称"针蜂"，又称蛀果虫、橘小实蝇等。是多种果树、作物的主要害虫，其繁殖力强，寄主广泛，终年可见其为害。果实蝇平时栖息于树林或果园，取食蚜虫、介壳虫等昆虫的分泌物和植物花蜜，雌雄交配完成及卵子发育成熟后飞入果园，产卵于果实内，历时24～36 h，幼虫孵出即蛀食果肉，致果实早熟腐烂脱落，失去商品价值（图2-30）。幼虫期约1周，共3龄，老熟幼虫钻出果实（图2-31），跳入土中化蛹，蛹经过6～10 d可羽化为成虫（图2-32）。

2）防治方法。

（1）人工防治（田园清洁法）。及时清除受害果园的落果，将其进行集中处理，可采用深埋、水浸、焚烧、水烫等方法杀死落果内的幼虫。

（2）诱杀雄虫。应用专用性诱剂和诱捕器诱杀雄性成虫，可诱杀大量雄性成虫，从而减少雌雄交配产卵的数量，及时压低虫源。每公顷果园可均匀放置75个诱捕器，每个诱捕器内放有性诱剂，每20～25 d补充1次性诱剂。

图 2-30 果实蝇为害莲雾果实(周双云 摄)

图 2-31 莲雾果实上的果实蝇
幼虫(周双云 摄)

图 2-32 果实蝇成虫(周双云 摄)

(3)化学防治。成虫发生量大时,可选用90%的晶体敌百虫800倍液或4.5%的高效氯氰菊酯1 500倍液均匀喷雾。

(4)果实套袋。套袋是较好的物理防治措施,有条件套袋的果园应采用此法,在减轻各种病虫为害的同时,还可提高果实的品质和商品价值。

(5)使用诱黏剂。可用针对实蝇类害虫监测及防治的昆虫诱黏剂粘虫。

4. 蓟马

(1)为害情形。该虫于5～11月发生,其雌成虫体褐色,体长1.37 mm,雄成虫胸部暗褐色,腹部黄褐色,体长1.08 mm。两性或孤雌生殖,产卵于叶间组织内,卵期约13 d,卵孵化后爬行叶面,共4龄。成虫、若虫主要为害叶部,多聚集在莲雾叶背,造成叶片卷曲、锈化,终至变黄脱落。其排泄物沾在叶面上,易引来杂菌寄生,污染叶面,阻碍光合作用。如不注意防治,会影响树势,引起落果,延迟开花坐果等。

(2)防治方法。可用10%的吡虫啉可湿性粉剂1 000倍液或1.8%的阿维菌素乳油1 000倍液或4.5%的高效氯氰菊酯1 500倍液进行喷雾。虫害发生时每隔 7～10 d 喷药 1 次，连喷 2 次。采收前 15 d 停止用药。

5. 卷叶蛾

（1）为害情形。成虫夜间活动，产卵于新蕾或果表上，幼虫呈纺锤形，体长 1.0～1.2 cm，头部褐色，体躯红棕色，性活泼。为害顶芽、嫩芽、花蕾，造成叶片卷曲、花蕾干枯、落花、落果。还蛀入果实内成 1 个隧道，啃食种子，从果实内排出大量退色粪便，影响果实的商品价值。

（2）防治方法。用 8 000 IU/mg 的苏云金杆菌 800～1 200 倍液或 0.9% 的阿维菌素乳油 1500～2 500 倍液或 48% 的毒死蜱乳油 2 000 倍液进行喷雾。虫害发生时用药 1 次，7～10 d 后再喷施 1 次。采收前 12 d 停止用药。

6. 介壳虫

1）为害情形。介壳虫为害很多植物，如柑橘、番石榴、荔枝、龙眼、莲雾等，1 年发生约 10 代，虫体体表被有蜡粉，移动性弱，终年均可见，世代重叠，于干旱季节发生多。雌成虫椭圆形，周围生无数的短毛，毛上被白粉。老熟成虫自尾端分泌棉絮状白蜡质卵囊，产卵于囊内，卵期 12～13 d。成虫、若虫皆密集于枝条、叶里、叶腋、果实或潜伏于松脱的皮层下刺吸汁液，并排泄黏液，诱发煤烟病，引来蚂蚁共生，影响清洁。被害茎叶卷缩，生长不良，影响品质。

2）防治方法。

（1）物理防治。抓住介壳虫生命活动周期中的 2 个薄弱环节，采用物理方法可以起到事半功倍的防治效果。介壳虫营固着生活，很少活动，在新传入区常常只在局部植株或枝条上发生，及时采取剪枝、刮树皮或刷除等措施，便可收到显著的效果。

（2）化学防治。在害虫若虫期未分泌形成蜡质保护时防治。在若虫孵化盛期，用 40% 的氧化乐果乳油、40% 的速扑杀乳油，连续喷药 3 次，交替使用。采收前 15 d 停止用药。

7. 毒蛾

（1）为害情形。为鳞翅目毒蛾科昆虫，初孵幼虫群集在叶片背面啃食叶肉，被啃叶片仅留下表皮和叶脉，形成半透明网膜。3 龄后逐渐向周围和上部枝叶扩散为害。自叶缘蚕食叶片，形成缺刻。5～6 龄食量增大，不仅能把叶片吃光、仅留主脉，而且也为害嫩枝、花蕾。

（2）防治方法。用 0.9% 的阿维菌素乳油 1 500 倍液或 20% 的杀灭菊酯乳油 3 000 倍液或 48% 的毒死蜱乳油 1 000 倍液喷雾。嫩梢期用药，每隔 7～10 d 用药 1 次，至梢叶老熟。

8. 小绿叶蝉

（1）为害情形。小绿叶蝉 3～4 月及 7～10 月发生较多。成虫淡绿色、细长，长约 0.3 cm，产卵于嫩梢组织中，初孵化的若虫呈白色，后变为淡绿色，若虫共分 5 龄，3 龄时翅芽开始显露，至第 5 龄时翅芽长至腹部第 5 节。成虫、若虫行动活泼，喜横行，善跳跃，栖息于嫩叶中，尤喜阴暗处，吸食嫩叶或新梢的汁液，造成叶片皱缩、叶缘焦枯，严重时叶片卷曲、树势衰弱。除卵外的各虫期均会分泌蜜露，蜜露会诱引空气中的杂菌寄生，引起煤烟病，影响叶片的光合作用和呼吸作用，对树体影响很大。

(2)防治方法。用 90％的敌百虫晶体 600～800 倍液或 50％的辛硫磷乳剂 600～800 倍液喷雾。虫害发生时用药 1 次，7 d 后再用药 1 次。采收前 12 d 停止用药。

9. 粉虱

(1)为害情形。粉虱以其若虫吸食叶片汁液为害，并分泌蜜露诱发煤烟病，影响光合作用及树势。成虫体黄色，有紫褐色斑及白色蜡粉，交尾后雌虫产卵于嫩叶叶背。卵孵化后初龄若虫体扁椭圆形，淡黄色，触角及足均明显，有爬行能力，待找到叶片适当部位后即固定，体变黑色，触角及足均消失，且自体周缘分泌白色蜡质物，体侧及背长出刚毛，若虫 3 龄，喜群集生活并化蛹于叶片上，由于白色分泌物加上煤烟病，会对叶片造成严重污染。

(2)防治方法。生育期 1～2 龄时施药防治效果最好，可喷 20％的扑虱灵可湿性粉剂 1 500 倍液或 25％的灭螨猛乳油 1 000 倍液或 20％的吡虫啉可溶性液剂 3 000～4 000 倍液或 20％的灭扫利乳油 2 000 倍液或 10％的扑虱灵乳油 1 000 倍液。3 龄及其以后各虫态的防治，最好用含油量为 0.4％～0.5％的矿物油乳剂混用上述药剂，可提高杀虫效果。

第五节　果实采收

受产地高温高湿气候条件的影响，莲雾采后呼吸代谢旺盛，极易发生褐变、腐烂，储运保鲜工作相对比较困难。莲雾果皮中含有大量的酚类物质，贮藏过程中酚类物质极易与多酚氧化酶结合形成褐色的醌类物质而引起褐变，另外，失水褐变、花色苷降解致褐以及病菌致褐也是引发水果褐变的主要原因。只有重视莲雾采收、包装与贮运过程中的每个关键时期，才能达到预期的保鲜效果。

一、采收

莲雾采收质量的好坏，影响果实采后处理的效果。莲雾主要以鲜吃为主，采收过早则风味不好、品质欠佳,采收过晚则易裂果落果、果实衰老长出黑斑。采收的最佳时机应在莲雾果实充分成熟、果皮显现出该品种的固有色泽、果脐展开时,可以结合测定果实可溶性固形物含量来确定最合适的采收时间。

一般来说,质量较好的莲雾果实,应当成熟度适中、果形完整、新鲜清洁亮丽、大小均匀、肉质脆甜、甜度高、无裂果、无水渍斑、无腐烂、无病虫害及其他伤害、无农药残留,每千克约 8～10 个果。

由于莲雾果皮较薄,极易碰伤,采收时应轻拿轻放,最好戴软手套,并且把指甲剪短。遵循"从下到上、从外到内"的原则,先采收容易采收处的,避免碰伤果实,高处的果实宜用架子采收。采收后及时将果实放到小推车或箩筐内,可在小推车或箩筐底层垫一些柔软的衬垫物或树叶,防止果实在采摘和运输过程中出现机械化损伤。

如图 2-33 所示,为采后在田间对莲雾进行初步筛选、去除裂果的情形。

图 2-33　莲雾采后在田间进行初步筛选(从心黎 摄)

二、贮藏前处理

要求莲雾的分级、包装、加工场地清洁卫生、阴凉通风、水源方便,有条件的应配置空调设备。尽管莲雾的贮藏性较差,但低温可降低其呼吸速率,延长贮藏期。果实采收后可在其上面铺 1 层莲雾枝叶,加冰块降温预冷,或直接将果实放入低温库房预冷,及时释放果实的田间热,这是果实延长贮藏期的关键。商品果要求无病虫害、无机械伤、八成以上成熟度,采后应按品种、大小、色泽分级。

在同一品种中,一级果果形及色泽优良、成熟适度、果面清洁、无裂果、无腐烂、无病虫害及其他伤害;二级果果形及色泽优良、成熟尚适度、果面清洁、无严重裂果、无腐烂、无病虫害及其他伤害;三级果品质次于二级果,但尚有商品价值。成熟度高或病次果应就地销售。分级有助于提高莲雾的售价。

如图 2-34 所示，为在操作间对莲雾进行分级和包装（包膜、套网套）的场景。

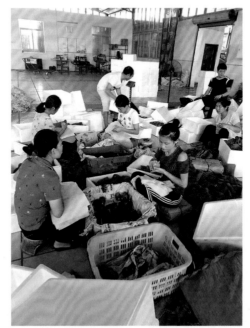

图 2-34　在操作间对莲雾进行分级和包装（从心黎 摄）

三、贮藏保鲜

1. 冷藏

莲雾在贮藏期间失水严重，硬度迅速下降；呼吸速率先降后升；果肉细胞膜透性采后初期急剧上升；果实的可溶性固形物、蛋白质和维生素 C 的含量一直呈下降趋势，室温贮藏 4 d 后莲雾的商业品质迅速下降。王晓红（2007）研究表明，低温（10℃）贮藏能够降低莲雾果实的水分散失，减缓果实中维生素 C 和花青素含量的下降，抑制其呼吸速率，维持果实细胞膜的完整性，使莲雾的贮藏寿命延长 8 d。低温贮藏除了能有效滞后莲雾果实呼吸高峰出现的时间，抑制果实的呼吸速率，还可以在一定程度上抑制莲雾果实 PPO 的活性，减缓采后莲雾果实的褐变，从而延迟果实的衰老进程，延长果实的贮藏时间。但莲雾属冷敏感果实，低温下会出现冷害症状（低于 5℃易受冻害）。贮藏适温，应根据果实的成熟度来确定，低熟度的果实贮藏温度可稍高些，高熟度的应低些。一般情况下，在 8~10℃、相对湿度 80%～90%下贮藏 10 d，好果率在 90%以上，并能保持较好的果色、硬度和风味品质。冷藏能有效控制莲雾果实的腐烂，延长贮藏期，冷藏保鲜方法适合莲雾果实就地销售或近距离销售。

2. 自发气调保鲜

自发气调保鲜方法具有成本低、效果好和无毒的特点。该方法可以对果实所处环境的气体成分进行调节，降低 O_2 的浓度，提高 CO_2 的浓度，从而降低果实的呼吸强度，抑制酶的活性和微生物的活动，减少乙烯的生成，延缓果实的后熟衰老，延长果实的贮藏保鲜时间。自发气调保鲜方法已广泛应用于番荔枝、番石榴、台湾青枣、罗勒和菜豆等果蔬的保鲜，效果非常理想。自发气调保鲜法也可用于莲雾果实保鲜。将莲雾果实用自发气调保鲜袋(聚丙烯膜，规格 22 cm×35 cm，表面进行微孔处理)进行包装，每袋约 200 g，用封口机封袋后将其放在 15℃的温度条件下贮藏(考虑到降低能耗，节约贮藏成本，选择保鲜贮藏温度为 15℃)，贮藏 15 d 后莲雾果实的颜色、硬度、风味和品质均保持得较好，失重率为 0.68%，好果率达到 95.6%。成熟度较低的果实保鲜效果更佳。气调保鲜方法适合莲雾果实的远距离销售。

3. 贮运和销售

对于要在本地贮藏的莲雾果实，套上专用的气调保鲜袋、用纸箱包装后，即可放入冷库贮藏。对于要远销的莲雾果实，需要套上干净的泡沫网，以减少果实间的摩擦。采用冷藏车运输，若没有冷藏车，可在包装箱内加冰降温，果箱可选用抗压强度较好的带盖泡沫箱，在箱底四角打几个小孔，放入 1 层加盐冰块，然后再装果，加盖密封。装车时要检查车内是否干净，须将车内温度控制在 10~15℃、相对湿度控制在 80%～95%。装运过程必须小心，减少机械碰伤，到达目的地后应及时入库。莲雾是名贵水果，果实运达销售目的

箱中放置冰瓶

保鲜袋包裹的莲雾置于箱中

图 2-35　用泡沫箱包装莲雾(从心黎 摄)

地后应及时销售，以保证足够的货架期，如能摆在冷藏货柜(温度 10～15℃、相对湿度 80％～95％)中销售则效果会更佳。

4. 紫外线照射保鲜

紫外线照射是行之有效的简易水果保鲜方法，重要的是要掌握不同水果的最佳照射条件，如照射时间的长短、紫外线的强度等。利用紫外线进行短时间照射，可以杀灭莲雾表皮的病菌，有效抑制病菌为害。适宜的照射在灭菌的同时可以在莲雾表皮形成 1 层薄膜组织，该薄膜能有效地防止水分的散失。过量照射将破坏表皮组织，保鲜效果反而下降。每日经紫外线照射 2 min 的莲雾样品，pH 值、维生素 C 含量、总糖含量的变化幅度均最小，保鲜期可以由自然存放的 9 d 延长到 12 d(张史青，2017)。

目前莲雾果实的包装存在一定问题，在长途运输过程中损耗严重，有待于进一步完善。

第六节 莲雾的营养及深加工

莲雾果实中富含多种营养成分，富含丰富的维生素 C、维生素 B_2、维生素 B_6 及钙、镁、硼、锰、铁、铜、锌、钼等微量元素。莲雾果肉中，水分含量 90.75 g/100 g，总糖含量 7.68 g/100 g，蛋白质含量 0.69 g/100 g，维生素 C 含量 7.807 mg/100 g，有机酸含量 0.205 mg/100 g、果皮花青素含量 0.073 mg/100 g。此外，莲雾果实还含有总酚 0.83～4.06 mg/g、总黄酮 6.20～7.91 mg/g，具有较强的自由基清除能力、铁离子还原力、抗氧化活性和抑制亚硝化活性(谢华松等，2019)。莲雾果实中含少量蛋白质、脂肪、矿物质。莲雾果实具有清甜、淡香、富含水分等特性，汁多味美、风味独特，是清凉解渴的优质热带水果。

莲雾以鲜食为主，但也可盐渍或制成果酱、罐头、脱水蜜饯和果汁，也可与肉丝、鱿鱼等同炒做菜。莲雾果实有中空(也有实心的)、状如蜡丸，宴席上人们喜欢用它做冷盘，是解酒妙果。往莲雾中心夹塞肉茸，用猛火蒸 10 min，即得美其名曰"四海同心"的台湾传统名吃。莲雾切片在盐水中浸泡一段时间，然后连同小黄瓜、红萝卜片同炒，色、形、味俱佳，清脆可口，是一道不可多得的夏令佳肴。

莲雾性味甘平，具有开胃、爽口、利尿、润肺、止咳除痰、凉血、收敛、清热以及安神等功效，可辅助治疗肺燥咳嗽、呃逆不止、痔疮出血、胃腹胀满、肠炎痢疾、糖尿病等病症。因此，食用莲雾除可以摄入足够的热量，还具有较高的营养保健功能。

莲雾是微碱性水果，可调节胃肠的酸碱度。莲雾带有特殊的香味，是天然的解热剂。由于含有许多水分，在食疗上有解热、利尿、宁心安神的作用。用莲雾伴食盐食用，有帮助小儿消化的功效，成人吃则有生津止渴的作用。莲雾根主治小便不利、皮肤湿痒。

莲雾树体速生快长，周年常绿，树姿优美；花期长，花浓香，花形美丽；挂果期长，果形美，果色鲜艳，有乳白、粉红、淡红、大（深）红、血红、暗紫红、淡绿、青绿等多种颜色，是庭院绿化、观光果园和盆景栽培很好的树种。

因为莲雾营养丰富、风味独特，还可加工成果酒、饮料、果醋等深加工产品。

1. 果酒

任红等（2018）报道了一种低醇度莲雾果酒的生产工艺：选取新鲜莲雾果实，清洗表面污物→果肉切块后，添加适量的柠檬酸和异抗坏血酸，打浆→加入 0.1% 的果胶酶，于（42±2）℃ 的条件下酶解 1 h→调糖、酸，至初始表观糖度 20°Bx→（70±2）℃ 水浴中加热灭菌 0.5 h，降至室温→加入浓度为 0.12 g/L、已活化的酵母菌，在 18℃ 下发酵→过滤，倒灌→陈酿→下胶→过滤→灌装→成品。加工出的莲雾果酒酒精度为 14%（体积百分比），残糖量为 0.01 g/L、总黄酮含量为 0.110 g/L，营养丰富、口味独特。

2. 发酵型乳饮料

王作龙等（2018）报道了一种莲雾发酵型乳饮料的加工工艺：选取饱满润泽的莲雾果实→清洗，消毒→去芯，分切→称量，调配→按料液比 1∶9(g/mL) 接种保加利亚杆菌、嗜热链球菌混合菌，加糖 3%→酸度检测→39℃ 发酵 14 h→均质→酸度检测→杀菌→成品。

3. 果醋

李西腾和李红涛（2016）报道了一种莲雾果醋发酵工艺：莲雾清洗后，去皮→切块→护色→榨汁→酶解→过滤→调整果汁中的糖度至 18% 左右→酒精发酵→酒精度达到 7%（体积百分比）左右时，终止酒精发酵转入醋酸发酵，接种量为 9%，发酵温度为 32℃，转速 200 r/min→过滤→澄清处理→灭菌→成品。

参 考 文 献

[1]曾建生，刘代兴，李柏霖. 西双版纳莲雾良种初选[J]. 热带农业科技，2014，37(3)：17-22.

[2]曾两顺，丁泽川．大粉红莲雾的引种观察及栽培技术[J]．中国南方果树，2004，33（5）：48-49.

[3]陈前，吴光斌，杨秋明，等．莲雾软腐病病原菌鉴定及其生物学特性研究[J]．中国植保导刊，2015，35(7)：5-10.

[4]陈清淇，许玲，魏秀清，等．'羊脂白'莲雾在诏安的特征与性状表现[J]．东南园艺，2019，7(5)：30-31.

[5]邓文明，林利波．海南省发展莲雾的优势与前景探讨[J]．热带农业科学，2010，30（11）：62-64.

[6]方明清．台湾黑珍珠莲雾品种特性及栽培管理技术[J]．台湾农业探索，2003(4)：42-43.

[7]韩剑，罗仕争，李海明．海南莲雾的高产栽培技术[J]．中国南方果树，2009，38(5)：40-42.

[8]何桥，梁国鲁，谢江辉，等．莲雾种质资源遗传多样性的 ISSR 分析[J]．园艺学报，2006，33(2)：392-394.

[9]江建波，谢继红．黑珍珠莲雾高枝压条育苗技术研究[J]．林业与环境科学，2019，35（5）：74-77.

[10]江志鹏．台湾黑珍珠莲雾全光照扦插育苗[J]．柑橘与亚热带果树信息，2006，16(2)：31-32.

[11]解德宏，张林辉，俞艳春，等．莲雾的短穗扦插试验[J]．中国热带农业，2009(1)：47-48.

[12]李宏杨，柯用春，邢增通，等．莲雾加工利用的研究进展[J]．食品研究与开发，2013，34(7)：131-134.

[13]李西腾，李红涛．莲雾果醋醋酸发酵条件的优化[J]．食品工业，2016，37(1)：140-142.

[14]李正翔，郭泽成，陈童．莲雾栽培技术[M]．海口：海南出版社，2009.

[15]梁广勤，梁帆，赵菊鹏．莲雾生产与病虫害防治[M]．北京：中国农业出版社，2015.

[16]林建忠，赖瑞云，张雪芹，等．莲雾智能化快繁插穗、基质和促根剂类型选择研究[J]．福建农业学报，2014，29(11)：1070-1073.

[17]龙兴，王举兵，周双云，等．"大叶"莲雾在广西南宁的引种表现及栽培要点[J]．广西农学报，2017，32(1)：28-32.

[18]陆玉英，阮经宙，陆小妹，等．莲雾绿枝扦插育苗技术[J]．中国热带农业，2006(2)：46-47.

[19]庞新华，李春香．绿果莲雾组织培养[J]．广西热带农业，2005，1(96)：3.

[20]裴开程，游发毅，徐强君．台湾莲雾在防城区种植的气象条件分析[J]．气象研究与应用，2009，30(2)：51-53.

[21]任红，郑凤锦，方晓纯，等．低醇莲雾果酒发酵工艺的研究[J]．食品研究与开发，2018，39(1)：50-54.

[22]宋志瑜，刘育梅．植物生长调节剂对黑珍珠莲雾扦插生根的影响[J]．福建农业学报，

2013，28(5)：513-515.

[23]苏章城，陈淑丽，陈坚，等.黑珍珠莲雾栽培技术[J].中国南方果树，2006，35(3)：37-38.

[24]王家保，姜成东，李金成，等.11份莲雾资源的同工酶评价[J].热带作物学报，2004，25(2)：15-19.

[25]王令霞，郭海涛，秦石友，等.不同激素对莲雾扦插生根效果初探[J].广西农业科学，2004，35(3)：196.

[26]王晓红.温度对莲雾耐藏性及品质的影响[J].北方园艺，2007(7)：46-48.

[27]王作龙，邢顺果，马红梅.莲雾发酵型乳饮料的加工工艺研究[J].安徽农业科学，2018，46(10)：145-147，209.

[28]魏秀清，许玲，章希娟，等.套袋对'黑珍珠'莲雾果实果皮着色的影响[J].东南园艺，2019，7(5)：11-14.

[29]邬峰，李东立，许文才.双活性集成保鲜包装设计对莲雾品质的影响[J].包装工程，2018，39(7)：54-59.

[30]谢朝江，卢海强.海南昌江莲雾害虫环保防治技术探讨[J].热带农业科学，2017，37(12)：70-74.

[31]谢华松，魏爱红，庄远杯，等.不同产地莲雾果实抗氧化及抑制亚硝化作用[J].食品工业，2019，40(10)：228-233.

[32]徐祥馨，龙兴，李昀倩，等.广西莲雾产业SWOT分析和发展对策[J].热带农业科学，2020，40(1)：132-136.

[33]许家辉，章希娟，许玲，等.福建南亚热带区域莲雾设施栽培关键技术[J].中国南方果树，2015，44(5)：123-124.

[34]许玲，魏秀清，章希娟，等.福建省莲雾主要病虫害及其防治[J].东南园艺，2019，7(2)：28-31.

[35]薛华，周少霞.黑珍珠莲雾在我国南方种植的前景及其丰产栽培技术[J].中国南方果树，2002，31(3)：26

[36]杨荣萍，陈贤，张宏，等.莲雾研究进展[J].中国果菜，2009(1)：41-43.

[37]叶来敏，王南玉，林中永，等.灾害天气对长泰县莲雾生产的影响及防御[J].时代农机，2015，42(1)：126-127.

[38]余亚白.台湾果树[M].厦门：厦门大学出版社，2004.

[39]臧小平，王作龙，王甲水，等.间作牧草对莲雾果实品质及土壤肥力的影响[J].贵州农业科学，2017，45(7)：98-101.

[40]张爱加，林文雄.莲雾组织培养和快速繁殖技术[J].亚热带农业研究，2005，1(4)：12-15.

[41]张爱加，邱金海.莲雾组培苗幼态扦插育苗技术[J].福建热作科技，2006，31(1)：16-18.

[42]张绿萍，金吉林，陈守一.9种莲雾在贵州南部的适应性比较[J].西南农业学报，2015，28(4)：1784-1790.

[43]张史青.莲雾几种绿色、安全保鲜技术的研究[D].海口：海南大学，2017.

[44]张雪芹，谢志南，赖瑞云，等.插穗类型和留叶量对莲雾扦插生根及光合参数的影响[J].福建农业学报，2016，31(5)：455-459.

[45]章淑玲，林谷园，张学才.莲雾根结线虫种类鉴定研究[J].江西农业学报，2014，26(11)：69-71.

[46]章希娟，许玲，魏秀清，等.不同防寒措施对莲雾抗寒性的影响[J].中国南方果树，2019，48(5)：24-27.

[47]郑加协，周红玲，张少平，等.漳州莲雾产期调节技术研究[J].果树学报，2016，33(12)：1517-1522.

[48]周东辉，吴国麟，傅炽栋，等.莲雾嫁接育苗技术[J].广东农业科学，2008(8)：167.

[49]周双云，刘增亮，龙兴，等.橘小实蝇在莲雾上的发生规律及产卵选择性研究[J].中国南方果树，2020，49(1)：65-69.

第三章　毛叶枣

毛叶枣学名为 *Ziziphus mauritiana* Lam.，又名印度枣、台湾青枣、西西果、滇刺枣，英文名为 Ber、Indian jujube、Cottony jujube，为鼠李科(Rhamnaceae)枣属(*Ziziphus*)植物，是热带、亚热带常绿或半落叶性阔叶灌木或小乔木，因其叶背有茸毛，故常称毛叶枣。毛叶枣是我国重要的热带、南亚热带优稀水果，也是世界的知名水果，在我国海南、广东、广西、云南、福建等地均有分布。

毛叶枣是一种多用途经济果树，其茎、枝、花、果、叶、树皮均可被利用，经济寿命长达 40～50 年。毛叶枣果实种核较小，可食率高，果肉清脆爽口、无涩味、食后无渣。毛叶枣果实营养丰富，鲜枣维生素 C 含量 75～150 mg/100 g，同时含有丰富的氮、磷、钾、钙、铁、锌等人体必需元素，含有丰富的糖类和碳水化合物，也含有蛋白质、脂肪、纤维素等对人体有益的物质，很多非洲国家常将其作为日常饮食食材。毛叶枣可入药或作为保健食品，其果实中含有 6 种人体必需的氨基酸，能够影响血液中葡萄糖、蛋白质和脂质的含量；叶片提取物中含有丰富的酚类物质和黄酮类物质，具有抗肿瘤和抗癌作用，对人体皮肤具有增白、保湿等作用；茎提取物具有抗菌活性；根提取物中含有大量的生物碱，可制成抗菌、抗疟原虫的生物药剂，其化学合成药物对儿童和一些体弱者具有良好作用；种子提取物也具有抗癌作用，能够提高人体免疫力。毛叶枣的果实、叶、根、种子的提取物均具有很强的抗氧化性，可治疗刀伤、浮肿、胃不适、微生物感染等疾病，还可作为某些工业原料的抗氧化剂。除鲜食外，毛叶枣果实还可加工成罐头、果脯、果干、蜜饯、果冻、果丹皮等。毛叶枣花期长，是较好的蜜源植物。此外，毛叶枣还是紫胶虫的优良寄主，其枝干可以放养紫胶虫，产胶较高。

毛叶枣是粗生快长果树，进入结果期时间短，定植当年即可开花结果，具有高产、稳产的特点，只要管理到位，果树产量没有大小年现象。毛叶枣种植当年即有产量，广东雷州地区基础条件较好且管理水平较高的果园，5 月以前定植的当年可获 4.5 t/hm² 左右的产量，2 龄丰产果园产量可达 22.5～30 t/hm²，3 龄及以上果园即可进入丰产期，产量可达 45 t/hm² 以上。毛叶枣成熟期为 12 月～翌年 3 月，收获期长达 3 个多月，进行产期调节后收获期可以更长。毛叶枣是优良的冬春淡季补缺水果，能够丰富冬春季节的鲜果供应。

图 3-1　毛叶枣果实(陈佳瑛 摄)

第一节　我国毛叶枣产业

一、毛叶枣的引种与栽培

枣属植物全世界约有 100 多个种，我国就有 13 个种，其中枣和毛叶枣是果树栽培中最重要的 2 个种。由于毛叶枣具有极高的经济价值和生态价值，目前已被引种到 100 多个国家和地区，其中印度和中国等国已开始商业化种植。印度是毛叶枣的起源地之一和最早的栽培地，1 000 多年之前毛叶枣就在印度次大陆开始被驯化栽培(Gupta，2004)，据报道，印度中央干旱园艺研究所保存有来自印度各地的毛叶枣种质资源 300 多份，目前毛叶枣在印度栽培面积约有 9 万多 hm²(Sivalingam 等，2013；Awasthi 等，2009)；毛叶枣在沙特阿拉伯的栽培品种有 Komethry、Pakstany、Um-sullen、Offaly 和 Badam (Obeed 等，2008)。

毛叶枣已广泛分布于印度、越南、缅甸、斯里兰卡、马来西亚、泰国、印度尼西亚、澳大利亚、美国的南部和非洲。在中国，毛叶枣在台湾、云南、海南、广东、福建、广西、四川、重庆等地有广泛种植，作为特色水果在长江以北地区有温室大棚设施栽培。

毛叶枣的野生类型大多果小、味涩，集中分布于印度的中央邦、拉贾斯坦邦、北方邦、旁遮普邦及哈里亚纳邦等。巴基斯坦的西北边境也有毛叶枣野生林分布，在泰国东北部紫胶生产区，野生毛叶枣树与四角风车子(*Combretum quadrangulare*)、亮叶合欢(*Albizzia lucida*)等混交，用于养虫收胶。中国野生毛叶枣常被称作滇刺枣，主要分布在我国云南怒江河谷、金沙江河谷以及澜沧江流域海拔1 800 m以下的山坡、丘陵、河边的灌丛地带(李义龙，1985)。此外，在四川攀枝花市、广西东兴市、海南昌江、福建以及台湾南部也有野生、半野生滇刺枣的分布，但具体是外来的还是原生分布则无从考证。

毛叶枣的栽培品种是由野生品种经过数代遗传改良和选育、驯化培育而成的，具有果大、肉厚、味甜等优点，按其原产地常分为印度品种群、台湾品种群和缅甸品种群。因中国台湾在毛叶枣育种方面处于领先地位，而且当前中国大陆种植的毛叶枣品种基本是从台湾引进，因此，毛叶枣常被称作"台湾青枣"。

毛叶枣根系发达，生长速度快，耐旱、耐热、耐瘠薄，也比较耐寒，对土壤要求不严，适应性强，即使在42℃的酷热下也能生长，在我国广东、广西及其他热区的大部分地区均可种植，甚至可以作为我国西南干热地区荒山造林绿化的先锋树种。毛叶枣存在天然的三倍体、四倍体、五倍体、六倍体和八倍体等，染色体数目通常为$2n=48$、个别品种为$2n=60$或$2n=96$(孙浩元，2001)。毛叶枣虽然存在自交不育和品种间杂交不亲和的现象，但也有不少品种的自花授粉结实率和异花授粉结实率很高，并且容易产生芽变。另外，毛叶枣童期很短，对于育种来说周期很短，是难得的育种材料。

二、我国毛叶枣产业的发展历程

毛叶枣在印度的栽培历史比较久远，我国毛叶枣产业的发展则始于台湾。

据1944年《台湾农家便览》记载，日据时期台湾就从印度引进了Beneras、Narkeri、Bombay等品种，台湾本岛北部也有甘味枣、酸味枣、金枣等地方品种，但它们果实小、品质差、无生产价值。其后，台湾毛叶枣逐渐南迁，引种到台湾南部的高屏地区，并逐步选育出较好的品系，栽培面积也不断扩大(郑少泉，1999)。毛叶枣在台湾作为商业栽培的历史只有30年左右，但发展非常迅速。据《台湾农业年报》统计，1993年台湾毛叶枣栽培面积1 451 hm²，投产面积1 367 hm²，总产14 472 t，单产25 kg/株、10 584 kg/hm²。至1997年，台湾毛叶枣的栽培总面积已超过2 000 hm²，主要分布在高雄县的燕巢、大社、阿莲及田寮等地(面积约占70%)，屏东县的里港、高树、盐浦等地(面积约占 20%），台南县、嘉义县及台东县也有栽培。近年来随着品种的不断更新，产量和风味品质也在不断提高。目前，毛叶枣已成为台湾地区最重要的经济果树之一，现已育有 20 多个优良品种。

我国大陆对毛叶枣的开发利用较晚。20 世纪 80 年代，云南省从缅甸引进了 2 个毛叶枣品种，依据果形分为长果形和圆果形，仅元谋县就发展了数千亩(1 亩≈667 m²)，但由于长期沿用一两个品种，且果小、商品性差，加上缺乏系统的栽培管理技术，产业发展不成功，其后种植面积不增反降，到最后仅作为庭院栽植树种使用。

20 世纪 80 年代，广东、海南等地从台湾及缅甸等地引进系列毛叶枣优良品种进行试种，并开展优质栽培技术研究。另外，越南归侨也从越南引进越南毛叶枣试种。由于大陆当时引进的台湾品种不是优良品种，越南品种的品质又太差，未能引起生产者的重视。

中国热带农业科学院南亚热带作物研究所是我国大陆较早开展毛叶枣引种试种的科研单位之一，在 20 世纪 80 年代末先后从缅甸、台湾引进了 10 多个毛叶枣品种进行试种观察，并系统开展了育苗、修剪和肥水管理、病虫害防治等栽培技术研究(邓次珍，1994)，经过多年的引种试种，从台湾引进的品种中筛选出适宜我国大陆栽培的品种高朗 1 号、福枣等优良品种，表现出良好的适应性和商品性。90 年代中期台湾农业投资商大量进入大陆，台商不仅带来了系列新优品种，还带来了先进的栽培管理技术，在台湾投资商的带动下，毛叶枣早结丰产、投资少、见效快、品质好、效益高的特点逐渐被大陆广大种植者所了解，毛叶枣得到了空前关注。其当年种植、当年结果的特性有利于投资者快速收回成本，且在冬春水果淡季上市，深受果农和消费者的喜爱，各地方政府纷纷把发展毛叶枣作为"短平快"项目加以推广，毛叶枣产业开始迅速发展。

从 90 年代中后期开始到 21 世纪初，大陆的广东、海南、广西、云南和福建等南亚热区掀起了发展毛叶枣的热潮。到 2002 年，毛叶枣发展到达顶峰，短短七八年，种植面积就从零发展到 2 万多 hm²。目前大陆仍有较大种植规模的区域有广东的雷州半岛、东莞、潮州，福建的漳州，云南的元谋、楚雄、玉溪，海南的文昌，广西的贵港、钦州等地。

毛叶枣当年开花、当年结果、成枝成花能力强，特别是每年均需进行主干更新修剪的特点，引起了我国大陆温带地区果农和科技工作者的重视，被引种到北京、辽宁等地的设施大棚内。2000 年后毛叶枣设施栽培在大陆北方获得成功，拉开了毛叶枣"南果北移"的序幕，目前毛叶枣已在我国大陆长江以北地区的温室大棚设施中种植。

三、我国毛叶枣产业发展的主要成就和教训

因其速生快长、早结、丰产、稳产、果大核小、清香甜脆、营养价值较高等特点，毛叶枣深受消费者青睐，其投资见效快、丰产稳产等特点也使其短时间内在我国大陆广大热区得到迅速推广，在发展之初有效地推动了地方产业的发展，促进了农民增收和产业结构的调整，也丰富了我国冬春季的鲜果供应。但由于我国大陆毛叶枣研究起步较晚，科研资金、人员和技术研发投入有限，种质资源贫乏，选育种工作严重滞后，现有品种多为从台湾引进，具有自主知识产权的新优品种几乎没有，苗木市场很不规范，品种混杂退化严重，同时因缺乏品种区划研究，盲目引种、跟风种植的现象相当严重。由于技术推广不快，更缺乏规范的栽培技术体系，管理粗放，广种薄收，管理水平参差不齐，特别是毛叶枣花、果量大，糖分积累主要形成于果实发育后期，缺乏高效的花果调控技术，不注重疏花疏果和适时采收，造成果品品质不佳、优果率低。毛叶枣采后商品化处理程度低，政府相关职能部门只管组织种植生产，没有同步重视市场开拓，产销体系尚未建成或完善，销售多为产地批发，销售价格不高。

这些问题，严重影响了毛叶枣种植效益的进一步提升，制约了产业的进一步发展。特别是技术普及跟不上产业发展的需要，造成了许多不必要的损失。因此，在 2004 年以后，毛叶枣的种植面积开始大规模萎缩，部分种植区毛叶枣果园处于失管或被砍伐的境况。以海南省为例，毛叶枣规模化生产始于 1999 年，因其品质表现良好而深受消费者喜爱，相关部门给予了高度重视。在市场和政策的双重刺激下，海南毛叶枣发展迅速，规模逐渐扩大，至 2002 年达到历史高峰。2004 年达到投产高峰期，全省毛叶枣投产面积为 693.33 hm²，总产量为 0.65 万 t。此后，由于生产发展过快，种植管理难以到位，导致病虫害(主要是白粉病)日益严重，加上常受台风影响，全省毛叶枣生产规模不断萎缩，至 2013 年底，毛叶枣种植面积仅剩 100 hm² 左右，总产量仅有 0.15 万 t，毛叶枣产业大幅萎缩。

四、我国大陆毛叶枣产业发展前景

随着我国大陆毛叶枣科研工作的不断深入，许多关键技术问题得到了初步解决。随着产业结构的进一步调整，毛叶枣产业也逐步向有一定产业基础的优势种植区集中，果农的种植管理水平有了大幅提升。2013 年以来，部分优势种植区(广东的雷州半岛，广西的钦州、百色，云南的元谋、楚雄，海南

的文昌、琼海，福建的漳州）又形成了新一轮的种植热潮，出现苗木供不应求的现象。要实现毛叶枣产业的健康发展，须重视以下5点。

（1）加强政府的引导和扶持。毛叶枣属于小宗果树，政府要在资金、技术等方面加大扶持力度，如给予小额贷款、定期举办技术培训等，同时在道路、水电设施等基础设施方面给予支持，确保生产条件优良、销售渠道通畅。

（2）加快育种进程，建立苗木质量标准体系。目前生产上的主栽品种基本上是从台湾引进的，大陆地区自主选育的新品种极少。因此，要尽快启动自主育种程序，选育一批既具有自主知识产权，又符合当地生产要求的新品种。同时，要尽快形成一套毛叶枣苗木质量标准体系，规范毛叶枣苗木的品种、质量，从源头上进行把关。有条件的地区可建立高标准育种圃，为企业和农户提供优良种苗，为产业发展奠定种源基础。

（3）加大科技研究，提高产品的市场竞争力。我国大陆毛叶枣的研究力量相对较弱，科技投入较少，相对其他果树，毛叶枣的研究还处于起步阶段。为了产业的可持续发展，必须加大科研投入，研究解决毛叶枣生产中遇到的急迫性问题，如病虫害防控、提高果实品质、采后保鲜、果品加工等关键技术，为产业及时提供新品种和新技术，真正实现良种良法原则。

（4）对现有低劣品种进行升级改造。毛叶枣具有品种容易退化的特性，种植10年以上的老果园都需要进行升级改造，具体有以下2种方法：其一，全园淘汰，重植新品种。但此法成本较高，好处是一次性投入后几年可以受益。其二，高接换种。此法不影响产量，成本较低，是目前较普遍的一种做法。

（5）建立深加工基地，充分延长产业链。目前毛叶枣仍以鲜食为主，加工产品较少。应尽快建立加工体系，进行毛叶枣的深度加工，特别是对一些次等果的加工。有关部门应加大扶持力度，鼓励相关企业、个体建立加工基地，促进产业的可持续发展。

第二节 主要品种

一、品种分类

毛叶枣品种多以产地来分类，通常划分为印度品种群、台湾品种群、缅甸品种群等3个品种群。印度品种群品种多达100多个，主要有 Umran、Kathli、Gola、Sanaur-5 等；台湾品种群主要是我国台湾地区自主选育推出的系列新品种，如高朗1号、新世纪、肉龙种等，是目前生产上的主栽品种；

缅甸品种群主要有缅甸长果种和缅甸圆果种 2 个类型。印度、缅甸品种群果小且外形不美观，综合商品性状较差，目前生产上几乎没有推广。

二、主要品种

1. 高朗 1 号(五十种)

1992 年台湾屏东县高朗乡选育出高朗 1 号(图 3-2)，因当时 1 个接穗卖价可达 50 元新台币，故又名"五十种"。该品种枝条粗硬，生长势旺，刺少，分枝较少，节间长 4～5 cm。花期 5 月下旬～11 月上旬，自开花至果实成熟需120 d。果实长椭圆形，果大，平均单果质量110 g(一般100～160 g)，果皮光滑，颜色鲜绿，果肉白色，肉质细嫩，可溶性固形物含量12％～17％，味清甜多汁，口感好，耐贮藏，产量高。早熟，华南地区一般在 11 月上旬～翌年2 月中旬成熟，一些地区甚至在 9 月下旬也可上市。因其果大、丰产、品质优、成熟早，是目前毛叶枣中园艺性状最好的品种，是福建和云南的主栽品种，也是最受市场欢迎的品种之一。

2. 新世纪(二十一世纪)

新世纪(图 3-3)从台湾地区引入大陆后，初步表现很好。比高朗 1 号果更大，成熟期也稍早，其他性状与高朗 1 号近似，果实甜度比高朗 1 号稍低，可溶性固形物含量9％～13％。果实卵圆形，颜色黄绿。果实成熟期为 11 月上旬～翌年 2 月中旬。果皮较粗糙，易裂果。

图 3-2　高朗 1 号(陈佳瑛 摄)

图 3-3　新世纪(陈佳瑛 摄)

3. 蜜枣

蜜枣(图 3-4)的果实近圆形，平均单果质量80～110 g。从授粉至果实成熟需115～135 d，果皮浅绿、光滑，果网较致密，口感脆甜。特点是耐贮运，果实甜度高，较受消费者欢迎。目前，广东、广西和海南栽培较多。

4. 蜜王

蜜王(图 3-5)是从台湾大青枣芽变中选育出来的新品种，属青枣中的精品，品质优异，含糖量达 15°～18°。肉质清甜、爽脆，风味可口，是一种特色精品水果。果型大，单果质量 150 g 左右，最大 300 多 g。果形美观，成熟时呈淡黄色。收获早，果实八成熟就可收获。

图 3-4　蜜枣(陈佳瑛 摄)　　　　图 3-5　蜜王(陈佳瑛 摄)

5. 蜜丝枣

蜜丝枣(图 3-6)属台湾大青枣晚熟品种，开花时间在 6～11 月，但一般 8月前开的花较难坐果，正常果实成熟期为翌年的 1～3 月。果实长卵圆形，果大，单果质量 80～150 g。可溶性固形物含量 15％～17％，脆甜无渣，口感极佳，品质上等。表皮光滑，外观漂亮。

图 3-6　蜜丝枣(陈佳瑛 摄)

6. 肉龙种

肉龙种(图 3-7)是泰国变异种，具酸甜浓烈的枣味。晚熟品种，12 月下旬～翌年2月成熟。果形长圆形，果色淡黄。可溶性固形物含量可达15%，品质较好。果实小，平均单果质量49 g。目前生产上很少栽培。

图 3-7　肉龙种(陈佳瑛 摄)

7. 脆蜜

脆蜜(图 3-8)生长势较强，主干不明显，分枝多而细长，树姿开张，嫩枝黄绿色，老熟后黄褐色，有茸毛。叶片近心形，叶基圆楔形，叶缘具粗齿。每花序有数朵至20多朵小花。花后4～6 d结幼果2～5个。果实扁圆形至长圆形，平均单果质量102.9 g。熟果皮黄绿色，肩浑圆，果顶微凸，果面平滑有光泽。果肉乳白色，清甜脆嫩，化渣汁多，味清香。可溶性固形物含量13.20%。

图 3-8　脆蜜(陈佳瑛 摄)

8. 中青

中青是毛叶枣的新品系之一，具有果大、质优、稳产等特点。生长势强，树形开张，中心主干不明显，枝条柔软下垂。叶片倒卵形。幼果深绿色，成熟后果实为黄绿色，偏卵形，平均单果质量 127 g。

9. 金粟枣

金粟枣由云南省农业科学院热带亚热带经济作物研究所从毛叶枣长果形品种芽变单株中选育。该品种的植物学特征、产量与长果形毛叶枣差异不大。果实椭圆形，未熟果绿色，成熟果皮金黄色。果肉白色，皮薄，平均单果质量 8.6 g，种核小，可食率达 92.4% 以上，具奶酪香，味甜，微酸，总糖含量 14.8%；硬度高，达 14.6 kg/cm^2。较母株晚熟，成熟期在 11 月至翌年 3 月。

第三节 生物学特性

一、根

毛叶枣实生树根系发达、入土深，侧根多。初期实生苗的垂直根比水平根强壮，1~2 年实生苗根系的特征是具有 2 个明显的层次：第 1 层的骨干根水平分布，侧根围绕着水平分布的骨干根向各方向生长；第 2 层的骨干根垂直分布，多斜下生长。第 1 年根系可深达 100~150 cm，水平分布范围也在 70~100 cm。

二、枝

毛叶枣实生树主干明显，直立粗壮，树皮较厚，表皮粗糙常有纵裂纹，嫁接树主枝长势因品种而异。从我们收集的品种来看，可分为 2 种类型：第 1 种类型如缅甸长果种，主干斜向上生长，分枝角度大，开展，分枝多，主枝不明显，树冠呈扇形；第 2 种类型分枝角度适中，如台湾福枣、碧云种等，树冠略似圆形，主枝明显，较为开张。

毛叶枣萌发力强，主枝多由主干的侧芽抽出，新芽又在枝条先端的顶芽上或枝条腋芽抽生。抽梢的次数因品种、树龄、营养状况、气候条件及修剪方式而异，枝梢可一年四季生长，1 年可抽新梢 5~10 次。强修剪过后，1 年内即可恢复树势，当年又可形成 4~5 次分枝，1 年新梢总长可达 1.5~3 m；2 年生树即使主干更新后，树冠也可长至 3~4 m，部分品种树冠达 10 m。

图 3-9　毛叶枣枝干（黄炳钰 提供）

三、叶

毛叶枣的叶（图 3-10）为单叶互生，椭圆形或长椭圆形，自基部有 3 条明显叶脉。叶面光泽呈绿色，叶背生灰白色茸毛。叶缘锯齿状。叶的大小因品种相差较大，缅甸、越南品种明显小于台湾品种，如缅甸圆果种的叶长 6.5 cm、宽 5.7 cm，而台湾福枣种的叶长 9.8 cm、宽 7.5 cm，叶形可作为品种辨别的标志之一。

图 3-10　毛叶枣叶片（欧雄常 提供）

四、花

毛叶枣花（图 3-11）为聚伞花序，腋生于当年生结果枝上。花轴较短，仅 2～5 mm，一轴上着生小花 8～26 枚，花梗长 4～8 mm，基部具线状小苞片

1 枚，早脱落，花径 6 mm。萼片 5 裂，先端尖锐，下段互相连合呈杯状或向下弯曲，长 2 mm、宽 1 mm，表面淡黄色，较光滑，中央隆起纵棱线 1 条，背部密被褐色柔毛。花瓣与花萼同数，彼此互生，瓣片呈匙状，上端向内凹，长 1 mm、宽 0.5 mm，开花后 3～4 d 萼片、花瓣一起脱落。雄蕊 5 枚，与花瓣对生，基部嵌入花瓣边缘，成熟后与瓣片反向下垂，雄蕊长 2 mm，花白色。花药卵形，具 2 室向内纵裂，淡黄色。雌蕊 1 枚，白色，柱头 2 裂，或已退化，子房上位具 2 室，生于花盘中央，略凹入，每室有胚珠 1 粒。花盘发达，扁平，白色，边缘具 10 处波状浅裂，环状而整齐。

图 3-11　毛叶枣花（欧雄常 摄）

1. 花芽发育

毛叶枣花芽在 1 年生或当年生枝条上孕育，具有分化快（5～8 d）、连续分化、持续时间长等特性，所以 1 年能多批次开花结果，但不同时期开的花其坐果能力不同。品种不同开花期也有所不同，一般开花期为 5～12 月，5～7 月开花量少、挂果少，8～11 月开花量大、挂果量最多。

花芽刚开始发育时非常小、呈紧缩簇状，芽圆形，被细小白色的茸毛覆盖。随着生长发育，芽长大并呈卵形，花梗清晰可见，一些白茸毛变成暗褐色，雄蕊分化。这时，还看不到柱头，花芽进一步生长发育成为球形，花梗呈现淡绿色，柱头仅为 1 个微小的凸起。经过一段时间，花蕾呈现 5 个径向的凹陷，顶部中央也出现 1 个凹陷，柱头形态逐渐清晰。花芽进一步增大，花梗轻微弯曲，芽的颜色转为白色，凹陷变得更加明显，花蕾顶部中央裂开，花即开放，但在一段时间内雄蕊仍包在白色的花瓣里，柱头则呈明显的凸起。从开始分化到分化完全需 20～22 d。

2. 开花

花为腋生聚伞花序，每片叶可生 1 个花序，每花序有 8～20 朵花。靠近枝条基部的花先开，然后沿着枝条依次向上开放。花的开放约需 3～4 h，大多数情况下，在开花后 3 h、雄蕊在花瓣中露出后花药开裂，温度的升高会促进开花及花药开裂。

3. 花粉粒

新鲜的花粉是黄色的颗粒，显微镜检测表明，其外形从三角形到卵形变化不等，表面光滑干净。花粉粒的大小在不同的条件下存在差异，在湿润的条件下，花粉粒会膨大，变化幅度为 4%～9%。

不同的毛叶枣品种，其花粉育性和畸形率存在差异。据王小娟等（2019）报道，观察的 7 个毛叶枣品种的花粉萌发率为 6.67%～27.92%，花粉畸形率为 16.87%～25.98%，其中高朗 1 号的花粉育性最高，其次依次为蜜丝、蜜枣王、JD-2、雪蜜、三木，大蜜品种的育性最低。

4. 柱头

柱头在开花时仅为 1 个微小的凸起，然后逐渐变长。柱头分泌物一般在开花后 6～8 h 出现，但柱头表面完全黏稠则是在开花后 24 h，此时被认为是柱头亲和性最好的时期，开花 32 h 后柱头开始萎缩，变为白色，然后干枯。

5. 授粉受精

毛叶枣雌雄异熟，为异花授粉植物。授粉媒介为蜜蜂、蚂蚁和苍蝇等（图 3-12）。毛叶枣开花虽多，但落花落果现象十分严重。

图 3-12　昆虫为毛叶枣授粉（欧雄常　摄）

五、果实

毛叶枣为核果，单果质量 10～200 g，目前生产上的栽培品种多数在 70 g 以上。果实形状有卵圆形、长椭圆形、扁圆形等，果皮绿色，果肉乳白色、脆甜多汁。核 1 枚，有坚硬的核壳，栽培种果实成熟后常见核壳裂开成 2 瓣，呈凹凸不规则的龟纹，有 2 室，通常仅有 1 室种胚发育完全，另 1 室种胚退化。

经过授精的花，子房开始膨大，发育十分迅速，而未受精或胚不发育的子房开花后 4～5 d 开始随花凋萎脱落。果实长至 1.5 cm 左右时，因种子开始发育而生长缓慢，此期又称硬核期，此后又进入快速发育时期。因此，毛叶枣果实生长呈典型的双 S 形曲线。从开花至果实成熟需 110～150 d，早熟品种需 110～120 d，晚熟品种需 130～150 d。成熟期从每年的 9 月～翌年 3 月，但多集中于 12 月～翌年 2 月。

图 3-13　毛叶枣幼果（欧雄常 摄）

第四节　对外界环境的要求

1. 温度

毛叶枣适应干热气候，既耐高湿，又能忍耐较低温度，但忌霜冻，适宜在海拔 1 200 m 以下、年平均温度 18℃以上、极端低温不低于－3℃、大于10℃的活动积温达 6 500℃以上、基本无霜冻的热带和亚热带地区种植。春季日平均气温达到 18℃以上时开始萌芽生长，低于 15℃则极少萌芽抽梢，最适生长温度为 25～32℃。枝叶有一定的耐寒性，能短期忍受－3～－2℃的低温。花芽分化的适宜温度为 25～32℃。

2. 光照

毛叶枣属强喜光植物，净光合速率很高。在光照充足的情况下，毛叶枣对氮的利用率较高，叶片较厚，含磷也较高，枝叶生长健壮，花芽分化良好，病虫害减少，果实着色好，能够提高糖分和维生素 C 的含量，改善果实品质及耐贮性。反之，在光照不足或种植过密、树冠严重遮蔽的情况下，枝梢细长、软弱、不充实，落花落果严重，果实着色不良，含糖量低，病虫害多，果实品质下降。鉴于此，毛叶枣理想的栽培地要求日照时数在 2 400 h 以上。

3. 水分

毛叶枣根系发达，抗旱力强，在年降雨量 500 mm 以上、相对湿度大于 50％的地区都能正常生长和开花结果，但在水分充足、有灌溉条件的地方生长结果更好。在开花期前 1 个月、幼果前期和采收期，应保持土壤干燥，不需灌水。其余时间果园都应保持土壤湿润，特别是在果实快速发育期(果实直径为 1.2～1.5 cm)，如遇干旱应及时灌水，以保持湿润，确保果实的增大。需要注意的是，"骤雨骤干"或"一干一湿"的灌溉方式容易导致严重落果及裂果。除此之外，还应避免根系长期积水，否则容易烂根。

4. 土壤

毛叶枣对土壤要求不严苛，在土壤 pH 值为 6.0～6.5 的沙土、壤土、黏土、石砾土等多种类型的土壤上都能生长，但以排水良好、土层深厚、疏松、肥沃的土壤为好。毛叶枣虽然对土壤酸碱度的适应范围较广，但过高或过低的 pH 值对生长也会产生影响。具体而言，pH 值在 5.5 以下易使铝、锰、铜、铁等变为可溶性而导致过量，同时引起磷、钙、镁、钼的缺乏，尤其是 pH 值在 4.0 以下时，铝、锰、铜等过多，对毛叶枣根系会形成毒害；而 pH 值在 8.5 以上时，锰、铁、硼、铜、磷的有效性急剧下降，很容易导致缺素症。

5. 风

微风可以促进空气流动，改善空气温度和湿度等生态条件，还可以补充毛叶枣树叶周围的二氧化碳浓度，增强光合作用。但由于毛叶枣枝条长、软、脆，不抗风，强风会给毛叶枣造成极大的危害，甚至是毁灭性的破坏。因此，毛叶枣的种植地应选择在台风不易到达的地方。挂果期还应搭架，防止枝条折断。

第五节 优质苗木繁育

一、毛叶枣苗木繁育

毛叶枣的苗木繁育方法有多种，包括扦插繁殖、组织培养和空中压条等，但生产上多采用嫁接繁殖。

图 3-14　毛叶枣育苗圃（欧雄常 提供）

1. 砧木的选择和培育

毛叶枣实生苗变异大，因此常采用无性繁殖。但栽培品种的种子发育率极低（0.1%～7.5%），不宜用于播种作砧木。近年来常用毛叶枣野生种作砧木，常用的有滇刺枣、缅甸长果种、缅甸圆果种等。选择无病虫害的植株采种，果实要充分成熟（果面红色或浅黄色），集中堆放腐烂后除去果肉，清洗种核，自然风干后贮藏备用，或进行层积处理。滇刺枣种子具有坚硬的种壳，播种前通常人工除去种壳、取出种仁，消毒催芽处理后播种于沙床或直播于大田苗地。

图 3-15　毛叶枣砧木苗（欧雄常 提供）

2. 嫁接

当砧木苗径粗 1 cm、苗高 80 cm 时即可嫁接，多用切接法。一般在当年8～9月选择阴天或晴天下午进行嫁接，雨天不宜嫁接。接穗选择优良母株当年生枝龄 3～5 个月的枝。接穗最好随剪随接，或用保鲜膜、湿毛巾或塑料布包好，保持接穗的新鲜。从外地采集的接穗要严格检疫，防止危险病虫传播。

毛叶枣可单芽嫁接，或采用双芽嫁接以提高嫁接成活率。其他季节嫁接或成年大树改良换种时，应采用双芽或多芽嫁接。

图3-16　毛叶枣嫁接苗(欧雄常 提供)

3. 嫁接苗的管理

嫁接成活后要经常检查，及时抹除砧木上萌发的不定芽以减少养分消耗，定期浇水。抽出新一轮叶后浇施1次稀薄水肥，以促进嫩梢生长，使其健壮整齐。以后每15 d施肥1次，以水肥为主。

二、培育优质嫁接苗的技术要点

1. 苗圃地的选择与准备

苗圃地的选择要因地制宜，须注意以下事项。

(1)地点。苗圃地必须距毛叶枣果园500 m以上，以减少病虫的传播。要求苗圃地水源充足、交通方便。

(2)地势。苗圃地应选择背风向阳、背北向南、日照充足、稍有倾斜的缓坡地。地下水位在1 m以下。因毛叶枣幼苗怕霜冻、忌积水，不宜选用低洼地。

(3)土壤。一般应选择土层深厚、肥沃、富含有机质的沙壤土。沙土地保水性差，苗木易受干旱，生长差，不利于培育壮苗；黏土地透气、排水性能差，土壤易板结，根系生长不良，起苗时伤根多，定植成活率低。

毛叶枣苗圃地不宜长期连作，否则会引起地力下降、病虫害严重，对苗木生长不利。

2. 种子的选择与采集

毛叶枣栽培种种子的败育率高，发芽率极低，一般用本砧作砧木。选择与栽培种同一个种的野生种实生苗作砧木，生产上普遍用滇刺枣、缅甸长果种、缅甸圆果种作砧木。

采集砧木种子的果实要充分成熟、饱满新鲜。目前，野生种毛叶枣种子的产区主要集中在越南、缅甸和我国云南省，果实的成熟期通常在12月～翌年1月，应适时采集。果实采下后要去除果肉，然后洗净、晾干。毛叶枣种子有短暂的休眠特性，因此，晾干后不宜立即播种，应将晾干的种子放入塑料袋中密封保存。

3. 播种时期和方法

应当年采种当年播种。宜在3～4月天气回暖时播种，5月后播种会影响当年的嫁接。播种前要把种子暴晒2～3 d，然后用加入了1%的甲基托布津和100 mg/L的赤霉素(九二〇)的50℃的温水浸泡24 h，捞出种子，沥掉多余的药液，再用硫黄粉、多菌灵和种子搅拌均匀(或直接使用多硫悬浮剂和种子搅拌均匀)，盖上农膜或置于编织袋内堆闷3 h左右即可播种。可采用点播和散播的方式播种。点播是将种子直接播入准备好的营养袋中或苗床上。散播是将种子先在苗床上催芽，待种苗长出1对真叶时再将苗移入营养袋中。因苗期容易产生猝倒病，出苗后3～4 d喷1次75%的百菌清500～700倍液。

4. 分床移植

毛叶枣种子一般15～20 d开始出芽，幼苗长至4～6片叶时即可分床移植。1个苗床种4行或6行苗，4行式行距20 cm，株距15 cm，畦面宽70 cm；6行式行、株距与4行式相同，畦面宽100 cm。近年来，广东和海南等地多采用密播方式，每公顷定苗22.5万株，可有效减少台风季节砧木苗的倒伏，但需加强苗期病虫害防控。如用营养袋(杯)育苗，每行以放4～6个营养袋(杯)为佳。为提高苗木质量，移苗时要分批进行，每批选大小生长基本一致的苗木移栽到同一苗床上。移苗时要注意遮阴防晒，可用遮光率为70%及以上的遮阴网作阴棚，遮盖10～15 d后再揭去。

5. 苗圃管理

(1)淋水与施肥。移植后，每天淋水1次，如遇高温干旱天气，须每天上下午各淋水1次，至小苗恢复生长抽芽为止。小苗恢复生长后应施稀薄粪水及0.5%～1%的尿素和复合肥。为培育壮苗，应半个月或10 d淋肥1次，施肥前要先除草松土。

图 3-17　加强苗圃管理（欧雄常 提供）

（2）修枝。毛叶枣幼苗生长迅速且分枝力较强，从出芽到符合嫁接标准需要 100～120 d。应及时剪除 40 cm 以下的分枝；一般在整个砧木苗期需修剪 2 次。若不注意修枝，很容易导致苗木纤细而高，易倒伏，也易滋生病虫害。

（3）病虫害防治。主要防治白粉病、柑橘全爪螨，防治方法见第七节中病虫害防治部分。

三、苗木出圃

出圃苗木的质量直接影响到定植后的成活率及幼树的生长。

优质苗需符合以下标准：

（1）品种纯正，嫁接部位适中（离地面 10～20 cm），嫁接口平滑、愈合良好、无瘤状突起。

（2）嫁接口以上 3～5 cm 处干径在 0.5 cm 以上，苗高 80 cm 以上。

图 3-18　达到出圃标准的嫁接苗（欧雄常 提供）

(3)末次梢充分老熟，无病虫害。苗木出圃时间以春季(3~5月)为主，尤其是裸根苗；裸根苗还需要浆根，以使根系保持湿润，不至很快干枯，若在浆根的同时在泥浆中加入生根剂和肥料，还能促进果苗根系的活力、促其提早发新根；秋季出圃在9~10月，以袋装苗或带土苗为宜。应尽可能避开低温干旱的冬季和高温的7~8月出圃。

第六节　建园

一、园地选择

毛叶枣是典型的阳性树种，山坡地种植一定要选择在阳面，如在阴坡种植将严重影响产量和品质。毛叶枣怕涝忌渍，但在生长高峰期要求水分供应充足，建园时要充分考虑这一特性。在地下水位低、土质疏松肥沃、容易排灌的水田和冲积地建园时可采用低畦浅沟式；在地下水位高、易涝、排水不易的水田或平地建园时宜采用高畦深沟式；在丘陵山地建园，宜修筑等高梯田，同时要求果园有灌溉系统。

实践证明，毛叶枣喜欢大水大肥，在排水良好、土壤疏松肥沃的平地水田种植时效益最好。具体要求如下：

温度要求：毛叶枣性喜温暖气候，宜在全年光照充足、无霜冻、日最低温在6℃以上、最高温不超过38℃的地方栽培。

土壤要求：毛叶枣根系发达，树势旺盛，对土壤要求不严，能在pH值为5.5~7.5的土壤中生长。如果规模化经营，毛叶枣种植地以平坦水田、冲积河床地为宜，山坡地宜在50°以下的缓坡地种植。毛叶枣种植对土壤的具体要求是：肥力中等以上，有机质＞1.5%，全氮＞0.05%，速效磷(P_2O_5)＞20 mg/kg，速效钾(K_2O)＞120 mg/kg，以沙质壤土为佳。

水源要求：毛叶枣生长旺盛，结果极多，对水分的要求很高。种植毛叶枣一定要选择水源丰富且符合农田灌溉水质标准的地区。

种植面积：只有在精细管理下毛叶枣才能生产出果大质优的果品，因此其种植管理需要大量人工。个体农场以1.5~2 hm² 为宜，大型农场宜在20 hm²以下。

2012年在福建云霄县发现，当地有大量毛叶枣的果实一直很小，长不大，最后形成"橄榄枣"，产量低，几乎没有效益。通过调查，了解到可能的原因有：①没配或少配授粉树，造成花期授粉受精不良；由于气温高，枝条营养积累不够，早花坐果率低，晚花果实品质差。②基肥施得少，土壤中的有机质含量低，长期缺乏微量元素，使根系生长不良；开花时消耗大量养分，致使幼果期生长不良造成生理落果。③长期干旱无雨，花期果农不敢喷水，结果期也没有合理浇水，致使果实生长期间严重缺水，果实难以长大。

二、果园规划与设计

果园的规划和设计，主要包括栽植区（小区）的划分，道路、建筑物的设置，排灌系统的规划，防护林的营造等。规划前必须实地勘测，有条件的要利用仪器测绘，绘制出整个园地的平面图，按图建园。

三、果园开垦

果园开垦包括清地、翻耕、平整土地、开梯田、定标、挖种植穴或开沟种植等。在水田、冲积地种植毛叶枣，一定要降低地下水位，园地的开垦可采用低畦浅沟式和高畦深沟式 2 种形式。在丘陵地建园，重点是改良土壤，修筑等高梯田（环山行）以防止水土流失。果园开垦的好坏直接影响水土保持、抚育管理、生长和产量，一般应在定植前半年进行。同时，设计和开垦时，要特别注意环境保护和可持续发展问题。

第七节　毛叶枣优质、丰产、高效栽培技术

一、选用适宜品种，栽植技术规范

1. 选择优良品种
毛叶枣优良品种应具备下列条件：
（1）果实大，肉质细脆，甜度高，无涩味。
（2）果皮薄且光滑，颜色淡黄绿色、黄绿色或鲜绿色，口感佳。
（3）果肉厚，种子小，果实为椭圆形或长卵圆形。
（4）较抗病虫害，如抗白粉病。
目前生产上栽培的品种主要引自台湾品种群，如高朗 1 号、蜜枣、蜜王、蜜丝等，云南、福建以高朗 1 号为主，广东、海南、广西以蜜枣、蜜丝、蜜王为主。

选用主栽品种，除考虑果实品质外，还要考虑丰产性能、抗逆性和产品供应期等因素。

2. 适地栽培

毛叶枣是一种典型的阳性热带果树，喜光怕阴、喜温怕高湿，适宜在阳光充足、年均温 18℃ 以上、基本无霜的地区生长。印度、中国台湾有因在高湿区和过北地区栽培而致病害严重，品质低劣，致使果园荒废，栽培区不得不南移的教训。若阳光不足或被遮挡，毛叶枣很难开花结实，果实品质也大大降低。在中国台湾有通过果园人工照明来提高果实品质的做法。因此，栽培地一定要阳光充足，山地栽培要选择向阳坡面，并不宜与其他果树间作。毛叶枣对土壤要求不严苛，适应微酸性至碱性的沙土、壤土、黏土等多种土壤，但以土层深厚肥沃的微酸性沙土为宜。坡度大于 30° 的山地，阴湿、霜冻、干旱缺水、贫瘠、风大等地不宜种植。

3. 定植

选苗高 50～60 cm、茎粗 0.6 cm 以上，主干粗直、生长健壮、叶片浓绿、根系发达、无病虫害的苗木进行定植。一般定植规格为行距 5 m、株距 4 m、种植密度 495 株/hm²，山坡地、土壤贫瘠的地块可适当密植，土壤肥沃的果园可适当疏植。种植前，挖长和宽各 50～60 cm，深约 80 cm 的坑，每坑内施有机肥 20 kg、钙镁磷肥 2.5 kg，施肥后盖土，然后再种植。种植后要及时淋足定根水。

毛叶枣是多年生植物，1 次定植多年受益。因此建立毛叶枣园应该做到认真选地、周密规划、合理布局、精细开垦、施足基肥、熟化土壤，为毛叶枣生长创造良好的环境，为早结、丰产、优质、高效打下基础。

4. 适时种植

毛叶枣种植的最佳时间为 3～5 月，种植越早，当年的营养生长期越长，当年的产量就越高。选用袋装或裸根嫁接壮苗均可，裸根苗在嫁接口以上 20～30 cm 处剪断，并剪除多余的侧枝，仅保留 1～2 条主干即可。定植时选在阴天或晴天傍晚，先去除包装袋，定植不宜过深，泥土盖过根部 2～3 cm 即可。苗种下后，用脚将苗四周的土轻轻踩紧，树头盖草，浇足定根水。植后如不下雨，前 2 d 每天傍晚浇水 1 次，以后 2～3 d 浇 1 次水，10 d 左右即可恢复生长(袋苗 3～5 d 左右即可恢复生长)。若在炎热夏季种植，最好给苗覆盖遮阴，以防太阳直射造成叶片水分蒸发过快影响成活率。种植后，在小苗旁竖 1 根小木棍，用绑带将小苗嫁接口以上部分与小木棍固定，以保护树苗、防止风吹断。定植成活后，及时将嫁接绑带松开，以免树干生长加粗后发生缢陷，导致严重伤害。

5. 配置授粉树

毛叶枣为异花授粉植物，必须配置授粉树。毛叶枣花期长，对授粉品种要求不严。台湾毛叶枣品种群中，任何 2 个品种都可互作授粉品种，如选择蜜丝作为主栽品种，可选用蜜王作为授粉树，授粉树的比例为 5%～10%，应均匀分布。

二、幼龄树管理

幼龄树的管理措施主要有：

(1)肥水管理。要保证土壤湿度，定植后进行树盘覆盖。追肥可在定植后 2 个月左右进行。及时中耕除草。行间可间作花生等短期作物或其他豆科作物，用以固氮，促进果树生长健壮。

(2)定干摘心。在 1 年生幼树嫁接口上方 30 cm 左右处锯断，等侧枝抽发后，选发育良好、分布均匀、导向四周的 3～4 个枝条作为主枝，其他的予以剪除。主枝上的直立枝也要剪除。于 5～6 月间修剪徒长枝及幼小细枝。

(3)病虫害防控，主要是防治白粉病、柑橘全爪螨、蛾类幼虫等。

三、成龄树管理

1. 注重修剪，勤疏花果

修剪程度和修剪时间对毛叶枣果实品质和产量影响很大。毛叶枣虽是多年生阔叶果树，但因生长势强盛，所以每年 2～3 月需进行 1 次结果主枝的锯剪，以诱发侧芽，选留诱发的优枝为当年结果主枝。另外，毛叶枣树的生理退化相当迅速，3～5 年是结果高峰，其后就越结越少，所以种植 4～5 年后就要进行嫁接换种以确保其品质和产量。

毛叶枣树体的更新方式有下述 3 种。

(1)基干更新。1 年生幼树，可于 2～3 月间离地面 30 cm 处剪断，以诱发侧枝生长，仅留发育良好、分向四方的枝条作为结果主枝，其余剪除；2 年生以上树，可每 1～2 年于 2～3 月间进行更新修剪，将采收后的树于基干离地 10～20 cm 处锯掉，约 1 个月后从新梢中选留发育良好的枝条 3～4 枝，作为当年的新主干。

(2)主干更新。若仅留单一主干，则于基干选单一新梢培养成主干，每年 3～4 月当新枝长约 30 cm 时，剪掉顶芽，促使侧芽萌发。选 3～4 个生育良好、向四方扩展且靠近棚面的侧芽培育为当年的结果主枝，结果主枝离主干 30 cm 内的侧芽应剪除。若选留多个主干，则于基干选 2～3 个新梢培养成主干，每年 2～3 月即需进行，比单一主干树提早 20～30 d 更新。其更新方式是：离基干 10 cm 处锯断，诱发侧芽择优成为新主干，新主干离棚架 30 cm 以下的侧芽宜剪除，以利果园通风。

(3)主枝更新。每年 3～4 月将上年结果主枝离主干 10 cm 处锯断，诱发主枝侧芽生长，选 1 个生长势优的新梢枝条作为当年的结果枝条。新的结果主枝离主干 30 cm 内的侧芽应剪除，以防层叠过密，不利生长。

毛叶枣花果量大，疏花选择在盛花期进行，一般要疏除花量的 1/3～1/2，先从枝梢顶端的花序开始，基部的花选择"去一留一"。最初 1 个花序一般能结 4～5 个果，后因营养竞争，自然落果后余 1～2 个果。自然落果后如果毛叶枣挂果仍然过多，则需要人工疏果。疏果要尽早进行，以避免浪费养分，让留下的果实在充足养分供应下迅速生长。疏果在果实如花生米大小前后就要进行，首先结合修剪把已坐果的纤细枝、徒长枝、过密枝、荫蔽枝剪去，再将过密果、细小果、黄病果、畸形果、机械伤果疏去，每节只留 1 个果形端正的果。经过疏果的植株，所结的果实大小均匀、个头较大。由于近年来人工成本不断攀升，疏花工作已较少进行。

2. 加强肥水管理，合理施用植物生长调节剂

毛叶枣的优质栽培主要需施好 3 次肥，即促梢肥、促花肥和保果肥。促梢肥在采果后、修剪前 1 周施，株施有机肥 15～20 kg、氮肥 0.6 kg、磷肥 0.4 kg、钾肥 0.6 kg，混匀后施。促花肥在 8 月上旬施，株施尿素 0.3 kg、磷肥 0.3 kg、钾肥 0.5 kg。保果肥，株施豆饼等水肥 10 kg、尿素 0.3 kg、钾肥 0.4 kg。在施好这 3 次肥的同时，注重叶面喷肥，特别是硼肥和锌肥等微量元素肥。微量元素肥对毛叶枣的生长及果实品质有益。

在挂果期应进行果园覆盖保湿，干旱时应及时灌溉，冬春干旱地区 10～15 d 应灌水 1 次。

使用植物生长调节剂对减少毛叶枣落花落果、增大果实、提高品质和提早上市均有重要作用，于盛花期喷施 30 mg/L 的赤霉素（九二〇）或萘乙酸（NAA）均能提高单果重和果实的可溶性固形物含量。

3. 搭建棚架

可用竹材(直径 5 cm)、木条柱(直径 3～5 cm)或水泥柱配钢丝搭建棚架。1～3 年生以竹材、木条柱为主，架高 1～1.2 m，架面形成 30cm×50cm 的方格。3 年生以上的可用水泥柱配钢丝或钢管搭设(图 3-19)，架高 1.5～1.8 m，架面形成 50cm×50cm 的方格。毛叶枣枝条应固定在棚架上，保持平整、均匀、分散，避免毛叶枣枝条重叠。棚架不宜过高，以方便套袋及采摘，因毛叶枣着果量多、果重，棚架应足够牢固。

图 3-19　搭建棚架（欧雄常 提供）

4. 套袋

套袋(图 3-20)可使毛叶枣果皮光鲜翠绿、果实增大、减少病虫害、防止霜冻及鸟害等。但套袋耗时耗工,而且套袋后果实光合作用减弱,果实甜度会略有降低。网室栽培不需要套袋。毛叶枣在套袋前应进行杀菌处理,可使用 25％的施保克乳剂 3 000 倍液或 10％的世高水分散型剂 2 500 倍液喷施果实,待药剂干后再套袋。毛叶枣套袋宜选在疏果作业完成后进行。套袋材料为 10 cm×15 cm 的透明薄膜胶袋。将果实套入胶袋,袋口回折后用钉书钉固定即可。

图 3-20　果实套袋（陈佳瑛 摄）

四、劣质低产树的高接换种

毛叶枣容易发生芽变而导致劣变,而且由于优良品种的不断推出,品种更新换代的速度也非常快,加上毛叶枣每年春季都要进行截干或重修剪,因此,生产园中高接换种的做法极为普遍。换种时间一般选择在 3～4 月主干更新时进行，常用的高接换种方法为切接法，嫁接成活后要加强管理，及时抹芽。如果管理得当，当年就能获得较高的产量。

五、病虫害防控

(一)毛叶枣主要病虫害

1. 白粉病

(1)症状。白粉病是对毛叶枣为害最严重的病害，主要为害叶片、嫩梢和幼果。叶片染病初期，正、反两面均会出现少量白色粉状物，发展到后期，白粉层增大，叶片发生扭曲、皱缩，易脱落。嫩梢发病时，枝条细弱，枝梢节间缩短，叶片狭长，病芽较难萌发。幼果(未转蒂果)染病时，果面初期出现少量白色粉状物，严重时白色粉状物布满全果，后期病果皱缩，变黄变黑，易干枯脱落，小果感病时多出现褐色病斑，果面粗糙，极大地降低了商品品质，严重时也会使果实脱落。

图 3-21 白粉病为害果实(欧雄常 提供)

(2)发生规律。病菌经菌丝附着在病叶及枝上，待气温回升、湿度增大时发展。菌丝发展到一定阶段可产生大量的分生孢子，分生孢子经气流传播。该病发生的严重程度与温湿度、立地条件及品种的关系密切，枣园通风不良或夜间湿度较大，特别是早晨有雾的环境下较易发生。在广东湛江一般于8月下旬开始发病，9月上旬～11月下旬为发病盛期，此期主要为害幼果和嫩叶；早春2～4月也发病，此时主要为害嫩叶和嫩梢。不同品种的抗病性差异很大，高朗1号、新世纪、脆蜜、蜜丝等抗病性强，而福枣、碧云种、大世界等易感白粉病。

(3)防治方法。果实采收后，结合主枝更新进行清园，以减少病源；通过修剪，剪除过密枝、交叉枝、病枝，以利于通风透光。在发病初期进行全园喷药，可用 25％的粉锈宁 2 500 倍液或 50％的粉锈清 800 倍液或 5％的百菌清 500 倍液或 25％的凯润(吡唑醚菌酯) 1 000～1 500 倍液喷雾防治。喷药在晴天傍晚进行，每 4～7 d 喷 1 次，连喷 2～3 次。或在每年的 10 月左右，果园有个别绿豆大小果出现白粉病为害症状时对全园果树喷硫黄粉，每隔 10 d 喷 1 次，连喷 2～3 次，有很好的防治效果。

2. 粉蚧与煤烟病

(1)为害状。枣粉蚧又称柑橘粉蚧，是对毛叶枣为害较重的害虫之一，主要为害叶片、花和果实。成虫和若虫皆密集于枝条、叶腋、叶背、果顶凹陷处，或藏匿于开裂的皮层下。雌成虫和若虫用刺吸口器吸食汁液，造成枝梢和叶片皱缩、果实畸形，其分泌物可诱发煤烟病。煤烟病表现为覆盖在叶和枝梢上的 1 层黑色煤烟状物，妨碍植株的正常光合作用，造成树势衰退、花少果少，产量降低，影响成熟果实的外观，降低果实的商品价值。

(2)形态特征和发生规律。枣粉蚧雌成虫椭圆形、淡黄色；雄成虫体长形、暗褐色，体被白色蜡粉。雌成虫产卵前分泌白色蜡质绵状卵囊，产卵于其中。卵椭圆形，淡黄色。若虫体扁椭圆形，足发达，爬行各处固定后即开始分泌蜡粉覆盖身体。1 年可发生 5～6 代，其中以 6～8 月为害最重，干旱季节和树体荫蔽有利于粉蚧和煤烟病发生。

(3)防治方法。为害初期用 50％的速扑 1 000 倍液或 10％的克介灵乳油 800 倍液喷雾，一般喷 1～2 次即可有效防治。

3. 柑橘全爪螨

柑橘全爪螨(图 3-22)又名柑橘红蜘蛛。

图 3-22　柑橘全爪螨(欧雄常 提供)

(1)为害状。柑橘全爪螨主要为害叶片和果实。雌螨产卵于叶背叶脉两侧，卵孵化后若螨、成螨在叶片两面用口器刺吸汁液，被害处叶绿素消失，变成褐色或红褐色，阻碍叶片的光合作用，严重时造成叶片脱落。为害果实时，于果面产生粗糙褐色疤痕，影响果实外观。

(2)形态特征和发生规律。成螨体卵圆形，背部隆起，侧面观呈半球形，红色至紫红色，背部刺毛基部突起，足 4 对，体长 0.3～0.5 mm。卵球形略扁，红色有光泽。初孵若螨体长 0.2～0.3 mm，红色，足 3 对。繁殖能力极强，1 年可达数十代，高峰期每片叶虫口可达 30 多头，世代重叠。其发生和消长，受气候、越冬虫口基数、营养条件和天敌等因素的综合影响，其中温度和雨量是最重要的影响因素。在 10℃时开始发育，20～25℃为发育最适温。在 15～30℃范围内，温度越高繁殖率越大；秋冬季降雨越少繁殖率越高。因此，在粤西地区，9 月～翌年 2 月是柑橘全爪螨的高发期。

(3)防治方法。柑橘全爪螨主要吸食叶片汁液，影响叶片生长，可用 35％的杀螨特乳油 1 200 倍液或霸螨王乳油 1 200 倍液喷杀。

4. 橘小实蝇

(1)为害状。橘小实蝇又称东方实蝇，为害多种热带亚热带水果，寄主达 50 多种，为国内检疫害虫。成虫产卵于快成熟果实的果皮下，幼虫孵化后即钻入果肉取食，引起腐烂，造成大量落果。

(2)形态特征和发生规律。成虫体长 7～8 mm，全体黄色与黑色相间，前胸肩胛鲜黄色，中胸背黑褐色，两侧有黄色纵带，后胸背黄色。翅透明，翅端有黑色带状斑。雄虫腹部有 4 节，雌虫 5 节。卵长约 1 mm，梭形，乳白色，一端细而尖。老熟幼虫体长约 10 mm，圆锥形，黄白色。蛹长 5 mm，椭圆形，淡黄色。1 年发生 3～5 代，无明显越冬现象，世代重叠。种植有多种成熟期不一致果树的果园为害较重，而且田间各虫态常同时存在，可终年活动，近年来为害相当严重，目前尚无特别有效的防治方法。

5. 黄毒蛾

(1)为害状。为害毛叶枣的毒蛾有许多种，其中以黄毒蛾发生较多，幼虫取食叶、花、嫩芽和果实。初孵幼虫群集为害，吃掉叶背表皮和叶肉，4 龄后分散取食，向叶缘为害。幼果受害后成锈果状，极大地影响了外观品质。幼虫老熟后多在卷叶内、叶背等处结茧。

(2)形态特征和发生规律。1 年可发生 8～10 代，以 6～8 月密度最高。成虫昼伏夜出，产卵于叶背，卵块呈带状，20～80 粒 1 块，分为 2 排，上覆盖黄色尾毛。雄成虫大，雌成虫小，体长 9～12 mm，翅展 26～35 mm，头、触角、胸及前翅皆黄色，腹部末端有淡黄色毛块。幼虫体长约 25 mm，橙黄色，头褐色。腹部两侧带有赤色刺毛，有毒。成虫有趋光性，幼虫有假死性。最后 1 代幼虫 11 月在树干裂缝、蛀孔等处吐丝结茧越冬。

(3)防治方法。尽量选择在低龄幼虫期防治，此时虫口密度小，为害小，且虫的抗药性相对较弱。防治时可用45％的丙溴辛硫磷1 000倍液或20％的氰戊菊酯1 500倍液＋5.7％的甲维盐2 000倍混合液或40％的啶虫脒1 500～2 000倍液喷杀幼虫，连喷1～2次，间隔7～10 d。轮换用药，以延缓抗药性的产生。

6. 拟木蠹蛾

(1)为害状。早春主干更新修剪后，萌发的新芽易受拟木蠹蛾幼虫为害。幼虫在新芽基部新老皮层接合处咬食嫩芽皮层，啃食1周，并吐丝将虫粪和树皮屑缀合成隧道，覆盖住躯体，沿隧道啃食前端树皮。稍大后钻蛀枝干木质部，造成树势衰退、生长不良，而且被害新主干遇风易从基部折断，为害严重时整片果园断倒率可达30％，造成重大损失。

(2)形态特征和发生规律。成虫体长10～14 mm，翅展20～37 mm，体灰白色，胸、腹部的基部为黑褐色，前翅密布灰褐色横向斑纹。老熟幼虫体长26～37 mm，灰黑色。主要在4～6月为害新主干。四周种植台湾相思树作防护林的果园为害较重，其原因有待进一步调查。

7. 缺素症

毛叶枣对微量元素镁、硼、钙和锌的需求也较多。常见的缺镁症状(图3-23)，叶色淡绿，后逐渐出现淡绿色斑块或变黄褐色(倒V字形失绿)，边缘出现火灼状坏死。影响叶片叶绿体合成，树体养分积累少，果实小、品质差。缺硼时果实内部果肉呈水浸状褐色硬块斑状。

图3-23　毛叶枣缺镁叶片症状(欧雄常 摄)

8. 其他病虫害

近年来还发现了一些为害毛叶枣的其他病虫害，如果实疫病、叶片黑星病，咬食新梢、嫩叶和幼果的小绿象甲与灰鳞象甲、盲椿象，蛀食枝干木质部的星天牛和一些其他蛾类害虫等，目前为害性尚不大。

(二)综合防治技术

毛叶枣病虫害种类较多，不宜仅仅依靠单一的化学方法防治，特别是目前市场对无公害果品的需求日益增长，也要求严格控制化学药品的使用。在病虫害防治中，应将加强栽培管理作为基础，以农业、物理和生物防治为主，配合使用高效、低毒的化学农药。

1. 农业防治

(1)选用抗白粉品种。毛叶枣主栽品种高朗1号需搭配授粉树，众多授粉树品种中新世纪较碧云种、福枣抗白粉病。

(2)合理建园，合理栽植，创造有利于果树生长和害虫天敌生存繁殖而不利于害虫发生的生态环境。多数毛叶枣害虫食性杂，在规划建园时应尽量避免和其他果树或林木混栽，减少寄主、减少虫源。华南地区较多用刺合欢作围园树种，但该树柑橘粉蚧为害严重，极易向毛叶枣传播，因此，应尽量少用刺合欢来围园。

(3)加强树体管理。果园阴蔽时病虫容易滋生，因此，在毛叶枣梢期应做好修剪，及时疏除过密枝、细弱枝、交叉枝和病虫枝，培养通风透光的树冠。

(4)结合主干更新，及时"晾蔸"，并做好清园工作。扫除地下落叶落果，刮除树皮虫卵，减少病虫源，实行树干涂白，可有效减少粉蚧、星天牛为害。

(5)主干更新后及时抹除多余抽出的芽，并保持树体光滑，可降低粉蚧和拟木蠹蛾的为害。

(6)在缺镁果园中应增施有机肥，加强土壤管理，适当增施镁肥。酸性土壤应施用石灰镁(0.8～1 kg/株)，微酸至碱性土壤则应施用硫酸镁。镁盐可与堆肥混施。也可用0.1%～0.2%的硝酸镁喷叶2～3次来矫治缺镁。

2. 物理和生物防治

(1)有条件的果园可安装频振式杀虫灯，每盏灯可控制2.5～4 hm^2，灯离地面2.5 m，在晴天闷热的夜晚开灯诱杀具有趋光性的蛾类、星天牛等害虫。

(2)使用食物引诱剂诱杀橘小实蝇。在果实成熟期，每公顷悬挂8个内放有食物的诱捕器，诱杀橘小实蝇，减轻为害。

(3)人工捕杀星天牛幼虫。在5～6月星天牛高发期，利用星天牛在树皮下蛀食时期较长的特点，及时检查星天牛粪虫孔，并用铁丝钩杀，将幼虫消灭于皮下初期为害阶段。

(4)利用天敌防治。果园放养食螨瓢虫和捕食螨可防治柑橘全爪螨，利用台湾小瓢虫或小毛瓢虫可防治介壳虫类。

(5)果实套袋。套袋一般在11～12月果实直径为2～3 cm时进行，果树经疏果、喷 1 次农药防治病虫害后，用白色透明小薄膜袋进行单果套袋。

3. 化学防治

（1）防治白粉病，一定要在发病初期及时喷洒药剂。一般早春 3～4 月喷洒 20% 的粉锈宁乳油 3 000 倍液或多硫悬浮剂 350～500 倍液 2～3 次，即可控制病害扩展。在盛花初期全园喷洒硫黄粉防治效果最好，具体做法：硫黄粉晒干后 200～300 目过筛，选雾水较大的清晨，用背负式机动喷雾喷粉机全园喷洒，每公顷用量为 1～2 kg，视果园发病情况，15～25 d 后再喷 1 次即可控制白粉病为害。硫黄粉防治白粉病虽费时费工、较脏较累，但较其他药剂防治效果更好、更彻底，又经济实惠，一般喷洒 2 次即可控制为害，商品果(无病斑果)率也明显提高。没有条件喷硫黄粉的地区，可在发病初期及时选用 50% 的硫胶悬剂 200～400 倍液或 70% 的硫黄可湿性粉剂 300～400 倍液喷 2 次。硫剂是防治白粉病的特效药。

（2）防治柑橘红蜘蛛，可用 35% 的杀螨特乳油 1 200 倍液或霸螨王乳油 1 200 倍液喷杀。

（3）对于金龟子、黄守瓜、毛虫(毒蛾)、尺蠖等其他害虫，可用 2.5% 的敌杀死 3 000 倍液、50% 的辛硫磷乳油 1 000 倍液或 2.5% 的功夫乳油 2 500 倍液防治。

六、产期调节

毛叶枣产期调节一般可采用以下方法：

（1）早、中、晚熟品种搭配种植。

（2）改变主干更新的时间，即利用主干更新时间的差异来调节花期和坐果期。

（3）夜间光照的应用。提早在 2 月间进行主干更新、修剪，5～6 月进行夜间光照，可促进青枣提早开花、增加花数及着果数，可使产果期提早至 9～11 月。每公顷放置 70～120 盏 40 W 的日光灯，架设于棚架上方 1～2 m 处，每晚照射 6～9 h。

七、台风灾后复产措施

我国沿海地区台风频发，严重危害沿海地区的毛叶枣生产，造成了很大的经济损失。如，广东、海南沿海 2014 年遭遇超强台风威马逊(7 月 12～21 日)、台风海鸥(9 月 12～18 日)，2015 年遭遇台风彩虹(10 月 4 日)，大量毛叶枣树倒伏，树干劈裂(图 3-24)、树枝折断，树叶吹落普遍达到 80% 以上，造成了巨大的经济损失。尤其是台风海鸥登陆时正值毛叶枣处于盛花期，部分果园受灾后几近颗粒无收。但也有相当一部分果园采取了及时的补救措施，使损失降到了最低。因此，台风过后，应及时组织人力恢复果园的生产。

图 3-24　台风后树干劈裂（陈佳瑛 摄）

1. 及时修整，重新培育新冠幅

修去折断枝、病弱枝和被风吹干的枝条，扶正吹歪的树体，重新牵附到棚架上。倒伏的植株，应待雨停后土壤水分充足、土壤松软时及时扶正、固稳，尽量避免根系的二次伤害。在雨过天晴土壤水分少、土壤硬结的情况下切忌强硬扶正，以免拉断根系，此时应先将主干固定在支撑物上再进行培土，防止进一步倒伏。原则上应剪除劈裂形枝条，促发新枝，重新定树冠。由于毛叶枣生长快，如果受灾时间在 7 月前后，仍可恢复树冠，对当年的产量影响不大。损伤较轻的劈裂性主干，可用绳索加以绑扎固定，以防继续开裂。

2. 加强病虫害防控

台风过后，树体受到损伤，抗性下降，应喷施 1 遍广谱性杀菌剂，防止病原菌侵入。常用的广谱性杀菌剂有甲基托布津、百菌清等，叶片受损不严重的可与杀虫剂和叶面肥（0.1％的尿素＋0.1％的磷酸二氢钾）一同喷施；叶片受损严重的，待叶片重新长出后再及时喷施叶面肥。注意防治介壳虫，介壳虫在枝、叶、叶腋、松脱的皮层下，使叶片卷缩成团，严重时会使新梢难以抽发。防治方法：剪除被害枝梢、叶片，用 48％的乐斯本 1 000 倍液或40％的速扑杀乳油 1 000 倍液喷雾防治。

3. 强化肥水管理

台风过后 7 d 左右，应加强肥水管理以促发新枝梢。当年新植树每株追施复合肥 0.1 kg、尿素 0.05 kg，2 年生树每株追施复合肥 0.2 kg、尿素 0.1 kg，在树冠范围开浅沟施，覆土后灌水。在新梢抽出叶片后可叶面喷施 0.2％的磷酸二氢钾＋0.2％的尿素，以喷湿叶面但不滴水为好，一般20～25 d喷1次，连喷3次，促进树势恢复。

9月前后初花期，2年生树株施复合肥约0.5 kg，减少氮肥用量（少施或不施），增加磷钾肥施用量（钾肥0.2 kg，磷肥0.2 kg）；11月前后施果实膨大肥，以促进中后期果实膨大为主要目的，2年生树株施复合肥0.3 kg、钾肥0.3 kg、磷肥0.1 kg，随着树龄的增大施肥量也要增大，毛叶枣对镁、硼、锰、锌、钙等微量元素的需求量很大，此时缺乏微量元素，容易引起黄叶、落叶、黄果、落果、畸形果多，可用0.2％的磷酸二氢钾＋0.2％的硫酸镁＋0.2％的硼砂等喷施，一般15 d喷1次，连续喷3～4次。

缺株较多的果园，结合替换病弱株，应及时补种新壮苗。尤其是当年种植的果园，应及时补种，保证第2年的产量。

八、果实采收及采后增值

毛叶枣定植时，通常会在1个果园内搭配种植多个品种。采摘时应严格按品种分类，采摘后按等级分级包装。

1. 适期采收

毛叶枣采收期长达3～4个月，果实生长100～130 d后由青绿色转为浅绿色、乳白色或黄白色时即可采摘。商品果采摘时要求带有果蒂，以利于果实保鲜。毛叶枣如太过黄熟，品质会因糖化而带酸，果品组织因失水而绵化带渣，所以应适时采摘。

2. 鲜果冷藏、贮运和包装

毛叶枣果实较不耐贮藏，鲜果在常温下极易失水皱缩、变黄、变褐、脆度降低，严重影响果实的商品价值和食用品质，这给毛叶枣的贮藏、运输和销售带来了很大的困难。适时采收，保持毛叶枣良好的理化性质，是其贮藏保鲜的基础。不同成熟期的毛叶枣，其果实的贮藏性不同。成熟度低的较耐贮藏，但食用品质差。要长途运输或要长时间贮藏的，采收成熟度要稍低一些；短途运输或即时销售的，采收成熟度可以高一些，但不能过熟。过熟的毛叶枣果肉软化变味，品质下降，且不耐贮运。

研究认为，毛叶枣八成熟时采摘品质佳且耐贮藏。贮藏温度在14.5～18.3℃时，果实在贮藏期间的重量损失大大减少，并可延长其贮藏寿命15 d；在4.0～6.0℃、相对湿度70％～75％的条件下贮藏，可延长贮藏寿命29 d。

一些采后处理措施可延长毛叶枣果实的贮藏期。用热水浸泡毛叶枣果实，可以减少果实的生理失水，可以抑制酶活性，抑制果实的呼吸和采后真菌活力，阻止表面霉菌的发展，降低腐烂损失，可以延长果实的货架期和质量。

冷水浸泡也可减少呼吸，减少乙烯的产生和酶的活性，延长果实的货架期。用1-MCP(洪克前等，2012)、马来酰肼、苄基腺嘌呤处理，有利于毛叶枣果实的贮藏。在果实表面涂1层食用蜡、胶等(康效宁等，2006；梁国斌等，2017)，可以阻碍果实与外部环境的接触，从而起到抑制果实呼吸、防止水分蒸发、减少病菌侵染等作用，达到延长果实贮藏期的目的。

毛叶枣一般用纸箱包装，果实先用塑料袋包裹，然后层层叠放于纸箱中。长途运输最好用冷藏车。

第八节　毛叶枣加工品及营养保健功效

目前，毛叶枣大部分鲜食，其加工产品很少，但其加工市场前景广阔。

一、毛叶枣加工品

毛叶枣的加工，是指在尽可能保证果实营养成分不受损失的前提下，制作充分保存毛叶枣固有的风味产品。针对毛叶枣果实的特性，可以将其加工成罐头、果脯、果酱、果冻、果丹皮、果汁饮料等系列产品。毛叶枣果实的果胶含量很高，制作果冻时即便不加增稠剂凝胶效果也相当好。

1. 毛叶枣罐头

加工工艺：选料→去皮→修整→预处理→漂洗→装罐→排气→封罐→杀菌→冷却→成品。

操作要点：选择新鲜、果型大而饱满、完整度好、成熟度适中的果实。清洗沥干后用6％的氢氧化钠溶液进行化学退皮，漂洗修整后用1％的氯化氢溶液浸泡，捞出后漂洗，再用3％的氢氧化钙溶液硬化处理。漂洗完后将果沥干，分级装罐，加入80℃以上的热糖水，加热排气、密封、杀菌，冷却后即为成品。

2. 毛叶枣果脯

(1)金丝枣。

工艺流程：选料→清洗→划缝→浸硫→漂洗→沥干→煮制→烘干→整形→装袋→成品。

操作要点：选择新鲜、肉质肥厚、完好的果实。清洗后在每个果实上划缝30～40条，深入果肉2/3，不改变果形，然后放入亚硫酸盐溶液中浸数小时，充分漂洗后沥干，加45％的糖溶液煮制后沥出，接着再以不同浓度的热、冷糖溶液分次调制，使糖液浓度达65％以上，浸果48 h，烘干、整形、包装后即为成品。

（2）蜜枣。

工艺流程：选料→清洗→曝晒→刺孔→浸硫→煮制→烘干→整形→包装→成品。

操作要点：选择果型中等、完好的果实。在阳光下晒至果皮深红色，在果实上刺孔，放入亚硫酸盐溶液中浸数小时，漂洗沥干后，配45%～50%的糖溶液加热煮制，维持10～15 min再加糖，待浓度为62%时煮制5～10 min，浸泡48 h，烘干、整形、包装即为成品。

3. 毛叶枣果酱

工艺流程：选料→清洗→去皮→去核→软化→打浆→调糖度及pH值→浓缩→装瓶→排气→杀菌→冷却→成品。

操作要点：选择新鲜、成熟度高、完整的果实。清洗后用氢氧化钠溶液退皮，挤压果实，取出果核。将果肉预煮软化，用打浆机打浆，按浆料重量称60%的白砂糖，分批加入，并加入柠檬酸调整酸度，待浓缩至可溶性固形物达65%以上时起锅，装瓶、排气、密封、杀菌、冷却后即为成品。

4. 毛叶枣果冻

工艺流程：选料→清洗→去核→取果汁→调整糖、酸度→加热浓缩→装罐及密封→杀菌→冷却→成品。

操作要点：选择完好的毛叶枣果实。去果核，按果肉重量的1.5倍加水煮沸20 min后，过滤、澄清得到加工果冻所需的果汁。按果汁量加入60%的白砂糖，调整pH值至3～4，加热、浓缩至可溶性固形物含量达65%，起锅，趁热装罐密封（80℃以上），然后在85℃下杀菌20 min，冷却后即为成品。

5. 毛叶枣果丹皮

工艺流程：选料→清洗→去皮→去核→蒸煮→制浆→调制→摊皮→烘干→包装→成品。

操作要点：拣出果中杂物及烂果。清水洗涤后去皮、去核，在不锈钢锅中加入果肉及水，煮到果肉软化。软化好的果肉用打浆机制浆，在浆料中加入其重量60%的白砂糖，并加入柠檬酸调整酸度，进行煮制，不断搅拌待浓缩至稠糊状时即可起锅。把果泥用勺舀入有木框模子的钢化玻璃上，用木板压刮平整，摊成4 mm厚的薄层，将摊好的果泥在65～75℃下烘至不黏手，趁热揭片，将烘干冷却后的果丹皮折叠为一定形状，切成所需大小，用玻璃纸包装后即为成品。

6. 毛叶枣果汁饮料

工艺流程：选料→清洗→去核→加热糖水浸提→浸提汁→调配→封盖→成品。

操作要点：挑选完好的毛叶枣果实。洗后去核，加入与果肉重量相同的40%的糖液煮沸 20 min 后浸 48 h，过滤澄清后即得浸提汁。取浸提汁按10%～5%加入冷开水或消毒水中，加糖至可溶性固形物含量达 10%～12%，并调整 pH 值至 3～4，即为毛叶枣果汁饮料。

二、营养和保健功效

毛叶枣果实营养丰富，有"日食三枣，长生不老"之说。据测定，100 g 毛叶枣果肉中含有 30 mg 钙、0.9 mg 铁、30 mg 磷、50 mg 维生素 A、0.04 mg 维生素 B_1、76 mg 维生素 C，含蛋白质 0.7%，含可溶性固形物 8%～18%，是营养价值很高的早春热带水果。毛叶枣果实还含有大量的多酚和抗氧化剂，分别为 172～328.6 mgGAE/100g 和 8.01～15.13 μmolTrolox/g（Tanmay 等，2016）。毛叶枣单果质量可达 90 g 以上，果实脆甜可口，因其果形优美且兼具苹果、梨、枣的风味，又有"热带小苹果"的美称。

毛叶枣还是一种多用途植物，除供饲养紫胶虫及作为蜜源树外，果干、种子、叶片、根液、根皮等都有药用价值。果肉捣烂可敷治硬疖；叶片捣烂可做治发烧气喘的敷剂，叶汁可用于辅助治疗小儿伤寒、喉疾；树皮捣烂用于皮肤炎症，树皮煎液能止泻止痢、缓解牙龈炎；根的煎液可用于退热、杀绦虫、调经；根皮汁液能缓解痛风及风湿病；根干粉撒于伤口可助愈。

参 考 文 献

[1]Abdallah E M，Elsharkawy E R，Ed-dra A. Biological activities of methanolic leaf extract of *Ziziphus mauritiana*[J]. Bioscience Biotechnology Research Communication，2016，9(4)：605-614.

[2]Abubakar S，Umar S A，Alexander I，et al. Evaluation of hypoglycaemic，hypolipidaemic and non toxic effect of hydro-methanolic extracts of *Ziziphus mauritiana*，*Ziziphus spina christi* fruit and glibenclamide on alloxan induced diabetic rats[J]. Journal of Drug Delivery Therapeutics，2018，8(3)：82-92.

[3]Akhtar N，Ijaz S，Khan S，et al. *Ziziphus mauritiana* leaf extract emulsion for skin rejuvenation[J]. Tropical Journal of Pharmaceutical Research，2016，15(5)：929-936.

[4]Asugu M M，Mbahi A M，Umar I A，et al. Phytochemical screening and antimicrobial activity of the pulp extract and fractions of *Ziziphus mauritiana*[J]. Biochemistry & Analytical Biochemistry，2017，7(2)：1-6.

[5]Awasthi O P，More T A，Liu M J. Genetic diversity and status of *Ziziphus* in India[J].

Acta Horticulturae，2009(840)：33-40.

［6］Bhatia A，Mishra T. Free radical scavenging activity and inhibitory response of *Ziziphus mauritiana* (Lamk.) seed extract on alcohol-induced oxidative stress［J］. Journal of Complementary and Integrative Medicine，2009，6(1)：1-20.

［7］Delfanian M，Kenari R E，Sahari M A. Utilization of jujube fruit (Ziziphus mauritiana Lam.) extracts as natural antioxidants in stability of frying oil［J］. International Journal of Food Properties，2016，19(4)：789-801.

［8］Gupta A K. Origin of agriculture and domestication of plants and animals linked to early Holocene climate amelioration［J］. Current Science，2004，87(1)：54-59.

［9］Chen H Y，Sun Z X，Yang H Q. Effect of carnauba wax-based coating containing glycerol monolaurate on the quality maintenance and shelf-life of Indian jujube(Zizyphus mauritiana Lamk.) fruit during storage［J］. Scientia Horticulturae，2019，244：157-164.

［10］Kanbargi K D，Sonawane S K，Arya S S. Functional and antioxidant activity of *Ziziphus jujube* seed protein hydrolysates［J］. Journal of Food Measurement & Characterization，2016，10(2)：226-235.

［11］Keita S，Wele M，Cisse C，et al. Antibacterial and antiplasmodial activities of tannins extracted from Zizyphus mauritiana in Mali［J］. International Journal of Biochemistry Research，2018，24(2)：1-8.

［12］Memon A A，Memon N，Bhanger M I，et al. Assay of phenolic compounds from four species of ber(*Ziziphus mauritiana* L.) fruits：comparison of three base hydrolysis procedure for quantification of total phenolic acids［J］. Food Chemistry，2013，139(1-4)：496-502.

［13］Mishra T，Khullar M，Bhatia A. Anticancer potential of aqueous ethanol seed extract of *Ziziphus mauritiana* against cancer cell lines and ehrlich ascites carcinoma［J］. Evidence-based complementary and alternative medicine，2015，2011(5)：1-5.

［14］Nigam R. Phytochemicals and antioxidant activities of apple ber，a hybrid variety of *Ziziphus mauritiana* ［J］. World Journal of Pharmaceutical Research，2018，7(7)：1033-1038.

［15］Obeed R S，Harhash M M，Abdel-Mawgood A L. Fruit properties and genetic diversity of give Ber (*Ziziphus mauritiana* Lamk) cultivars［J］. Pakistan Journal of Biological Sciences，2008，11(6)：888-893.

［16］Okala A，Ladan M J，Wasagu R S U，et al. Phytochemical studies and in vitro antioxidant properties of *Ziziphus mauritiana* fruit extract［J］. International Journal of Pharmacognosy & Phytochemical Research，2014，6(4)：885-888.

［17］Panseeta P，Lomchoey K，Prabpai S，et al. Antiplasmodial and antimycobacterial cyclopeptide alkaloids from the root of *Ziziphus mauritiana* ［J］. Phytochemistry，2011，72(9)：909-915.

[18]Rathore M. Nutrient content of important fruit trees from arid zone of Rajasthan[J]. The Soviet and post-Soviet Review，2009，26(3)：223-240.

[19]Priyanka C，Kumar P，Bankar S P，et al. In vitro antibacterial activity and gas chromatography-mass spectroscopy analysis of *Acacia karoo* and *Ziziphus mauritiana* extracts [J]. Journal of Taibah University for Science，2015，9(1)：13-19.

[20]Sameera N S，Mandakini B P. Investigations into the antibacterial activity of *Ziziphus mauritiana* Lam. and *Ziziphus xylopyra*（Retz.）Willd[J]. International food research journal，2015，22(2)：849-853.

[21]Sivalingam P N，Singh D，Chauhan S，et al. Establishment of the core collection of *Ziziphus mauritiana* Lam. from India[J]. Plant Genetic Resources，2013，12(1)：140-142.

[22]Tanmay K K，Charanjit K，Shweta N，et al. Antioxidant activity and phenolic content in genotypes of Indian jujube（*Zizyphus mauritiana* Lamk.）[J]. Arabian Journal of Chemistry，2016，9(S)：1044-1052.

[23]Upadhyay S，Upadhyay P，Ghosh A K，et al. Antibacterial potency of *Ziziphus mauritiana*（Fam-Rhamnaceae）roots[J]. Drug Development and Therapeutics，2015，6 (1)：44-46.

[24]Yusof S A M，Saat R. Phytochemical analysis and bioactivity studies of Ziziphus mauritiana（twigs and leaves）[J]. Journal of Academia UiTM Negeri Sembilan，2017，5：17-26.

[25]Xu C Q，Gao J，Du Z F，et al. Identifying the genetic diversity，genetic structure and a core collection of Ziziphus jujuba Mill. var. jujuba accessions using microsatellite markers[J]. Scientific reports，2016，6：31503.

[26]陈佳瑛，胡会刚，谢江辉，等. 利用 ISSR 分析 21 份毛叶枣种质的亲缘关系[J]. 热带作物学报，2012，33(11)：2018-2023.

[27]陈家金，王加义，黄川容，等. 福建省引种台湾青枣的寒冻害风险分析与区划[J]. 中国生态农业学报，2013，21(12)：1537-1544.

[28]陈菁，张朝坤，方捷生，等. 中青毛叶枣品种特征特性及其配套栽培技术[J]. 农业科技通讯，2013(9)：244-245.

[29]陈莲，王璐璐，林河通，等.1-甲基环丙烯处理对台湾青枣果实采后病害的抑制[J]. 中国食品学报，2020，20(01)：196-204.

[30]邓次珍，赵旭，林家丽. 种植毛叶枣是山区脱贫致富的新路子[J]. 广西热作科技，1994(03)：24-25.

[31]杜维春，张景峰，韩振. 毛叶枣在北京日光温室栽培技术[J]. 果农之友，2004(3)：25-26.

[32]洪克前，谢江辉，张鲁斌，等.1-甲基环丙烯对毛叶枣采后生理的影响[J]. 热带作物学报，2012，33(3)：505-508.

[33] 黄雪莲. 一种有开发价值的热带珍稀果树——毛叶枣[J]. 云南热作科技, 2000(2): 41-42.

[34] 康效宁, 吉建邦, 谢辉, 等. 毛叶枣贮藏保鲜技术研究[J]. 中国食品学报, 2006(1): 144-150.

[35] 李金元, 胡学明. 野生滇刺枣的改造利用[J]. 林业科学研究, 1994(2): 224-226.

[36] 李立, 杨星池, 李义龙. 毛叶枣的利用价值及栽培[J]. 中国林副特产, 1996(1): 19-20.

[37] 李向宏, 罗志文, 张史才. 海南毛叶枣产业发展现状、问题及对策[J]. 中国果业信息, 2014, 31(7): 27-30.

[38] 梁国斌, 王海, 张耀红, 等. 壳聚糖和抗坏血酸复合处理提高台湾青枣采后保鲜效果(英文)[J]. 农业工程学报, 2017, 33(17): 304-312.

[39] 梁天. 毛叶枣 DUS 测试指南编制及遗传多样性研究[D]. 杨凌: 西北农林科技大学, 2019.

[40] 刘世平, 蔡楚雄, 郭国辉, 等. 台湾青枣生产关键技术[J]. 广东农业科学, 2007(7): 11-13.

[41] 尼章光, 解德宏, 陈华蕊, 等. 毛叶枣芽变单芽——"金粟枣"的选育[J]. 热带农业科学, 2011, 31(8): 22-25.

[42] 苏新惠. 34 个毛叶枣品种叶片及花粉形态解剖特征研究[D]. 南宁: 广西大学, 2019.

[43] 孙浩元. 中国枣树优良品种资源的保存、繁殖技术及毛叶枣引种研究[D]. 北京: 北京林业大学, 2001.

[44] 王阿桂. 优质大果毛叶枣品种'蜜枣王'在福建漳州的引种试验初报[J]. 中国果树, 2016(4): 40-42, 103.

[45] 王建春, 曹丽艳, 吴婷. 哈密地区台湾青枣设施栽培技术[J]. 北方园艺, 2017(10): 209-210.

[46] 王小媚, 任惠, 董龙, 等. 7 个毛叶枣品种花粉育性与花粉形态研究[J]. 中国南方果树, 2019, 48(6): 113-116.

[47] 肖邦森. 毛叶枣优质高效栽培技术[M]. 北京: 中国农业出版社, 1999.

[48] 肖邦森. 南方优稀果树栽培技术[M]. 北京: 中国农业出版社, 2000.

[49] 许玲, 薛卫东, 陈天佑, 等. 脆蜜毛叶枣在福建热区的引种表现及栽培要点[J]. 中国果树, 2015(4): 68-70.

[50] 袁高庆, 谭道朝, 付岗, 等. 毛叶枣灰霉病的病原鉴定及其生物学特性研究[J]. 广西农业生物科学, 2005(3): 210-214.

[51] 臧小平, 马蔚红, 周兆禧, 等. 不同有机肥对毛叶枣产量、品质及土壤肥力的影响[J]. 土壤通报, 2014, 45(6): 1445-1449.

[52] 詹煌海. 不同品种毛叶枣枝梢生长及开花坐果的比较[J]. 湖北农业科学, 2013, 52(9): 2083-2087.

[53] 郑少泉, 黄爱萍, 蒋瑞华. 台湾印度枣的品种与栽培[J]. 福建农业科技, 1999(3): 22-24.

[54]朱恩俊，孙健，王举兵，等.富马酸二甲酯对贮藏期间毛叶枣品质的影响[J].食品工业科技，2011，32(5)：363-366.

[55]左雪冬，胡玉林，邓峰.不同果袋对'蜜丝枣'果实品质及抗氧化酶活性的影响[J].热带作物学报，2014，35(10)：2008-2012.

索 引

（按汉语拼音排序）

B

Bali Beauty　22
Black gold　23
白粉病（毛叶枣）　132
白桂木　10
白色种莲雾　73
冰激凌（波罗蜜）　57
病虫害防控（波罗蜜）　46
病虫害防控（莲雾）　89
病虫害防控（毛叶枣）　132
波罗蜜　1，8
波罗蜜的环境适应　36
波罗蜜栽培史　2
波罗蜜种质资源研究　7，13

C

Cheena　23
Chompa Gob　23
Cochin　23
产期调节（莲雾）　69
产期调节（毛叶枣）　137
脆蜜　115
脆片（波罗蜜）　58

D

Dang Rasimi　23
大果种莲雾　74

大叶莲雾　76
淡粉红色种莲雾　75
毒蛾　97
对外界环境的要求（毛叶枣）　120

F

发酵型乳饮料（莲雾）　103
绯腐病（波罗蜜）　53
粉红色种莲雾　72
粉蚧（毛叶枣）　133
粉虱　98

G

Gold Nugget　24
Golden Pillow　26
柑橘全爪螨　133
高接换种（毛叶枣）　131
高空压条（波罗蜜）　34
高空压条（莲雾）　77
高朗 1 号（五十种）　113
根结线虫病（波罗蜜）　54
根霉果腐病（莲雾）　92
罐头（毛叶枣）　140
果醋（波罗蜜）　60
果醋（莲雾）　103
果丹皮（毛叶枣）　141
果冻（毛叶枣）　141
果腐病（波罗蜜）　52

果干(波罗蜜) 60
果酱(波罗蜜) 59
果酱(毛叶枣) 141
果酒(波罗蜜) 59
果酒(莲雾) 103
果脯(波罗蜜) 57
果脯(毛叶枣) 140
果实采收(波罗蜜) 54
果实采收(莲雾) 98
果实采收(毛叶枣) 139
果实分级(波罗蜜) 55
果实蝇 95
果实贮藏(毛叶枣) 139
果汁(波罗蜜) 60
果汁(毛叶枣) 141

H

Honey Gold 24
海大1号 28
海大2号 28
海大3号 29
黑腐病(莲雾) 91
红根病(波罗蜜) 54
红肉波罗蜜 27
红蜘蛛 95
花果软腐病(波罗蜜) 52
黄翅绢野螟 49
黄毒蛾 134

J

J-29 24
J-30 24
J-31 24
极香面包果 10
蓟马 96

嫁接育苗(波罗蜜) 31
嫁接育苗(莲雾) 78
尖蜜拉 9
建园(莲雾) 80
建园(毛叶枣) 126
介壳虫 97
金龟子 94
金粟枣 116
橘小实蝇 134
卷叶蛾 97

K

Kun Wi Chan 25

L

Lemon Gold 25
Leung Bang 25
莲雾 67
莲雾的营养 102
莲雾种质资源 72
链格孢叶斑病(波罗蜜) 53
绿鬣 47

M

Mastura 26
Mia 1 26
马拉西亚无胶波罗蜜 30
马六甲种莲雾 74
毛桂木 12
毛叶枣 107
毛叶枣品种分类 112
毛叶枣引种 108
茂果5号 26
煤烟病(莲雾) 93
煤烟病(毛叶枣) 133

蜜丝枣　114

蜜王　114

蜜枣　113

面包果　11

面包坚果　12

苗木出圃（波罗蜜）　35

苗木繁育（波罗蜜）　31

苗木繁育（莲雾）　77

苗木繁育（毛叶枣）　121

N

NS 1　25

南川木菠萝　11

嫩枝扦插（波罗蜜）　35

拟木蠹蛾　135

拟盘多毛孢叶斑病（波罗蜜）　53

P

配植授粉树（波罗蜜）　39

Q

扦插育苗（莲雾）　77

青绿色种莲雾　73

缺素症（毛叶枣）　135

R

榕八星天牛　48

肉龙种　114

S

Singapore　25

Sweet Fairchild　26

深红色种莲雾　72

生物学特性（毛叶枣）　116

实生苗培育（波罗蜜）　31

四季波罗蜜　27

素背肘隆螽　50

T

Tabouey　26

台风灾后复产（毛叶枣）　137

泰国红宝石莲雾　74

炭疽病（波罗蜜）　51

炭疽病（莲雾）　89

W

我国波罗蜜产业现状　4

我国莲雾产业概况　68

我国莲雾发展历程　67

我国毛叶枣产业　108

X

细菌性果腐病（莲雾）　93

香波罗　10

小波罗蜜　9

小绿叶蝉　97

新世纪（二十一世纪）　113

Y

羊脂白莲雾　75

野波罗蜜　10

野树波罗　12

叶点霉叶斑病（波罗蜜）　53

疫霉果腐病（莲雾）　90

印尼大果种莲雾　75

营养保健（毛叶枣）　142

营养苗繁育（波罗蜜）　34

优质、丰产、高效栽培（波罗蜜）　38

优质、丰产、高效栽培（莲雾）　80

优质、丰产、高效栽培（毛叶枣）　127

索引

云热-206　29

Z

栽培管理（莲雾）　82

栽植方法（波罗蜜）　39

藻斑病（莲雾）　92

整形修剪（波罗蜜）　45

中青　116

种植模式（波罗蜜）　39

种子淀粉（波罗蜜）　57

主要品种（毛叶枣）　113

贮藏保鲜（波罗蜜）　56

贮藏保鲜（莲雾）　100

紫红莲雾　76

自发气调保鲜（莲雾）　101

组织培养（波罗蜜）　35

组织培养（莲雾）　80